New Wun Ching Developmental Publishing Co., Ltd.

New Age · New Choice · The Best Selected Educational Publications — NEW WCDP

第**2**版
SECOND
EDITION

生產與
作業管理

黃河清 ｜ 編著

PRODUCTION and
OPERATION MANAGEMENT

PREFACE 二版序

　　企業之生產與作業之實況對多數讀者較為疏遠，加上本課程內容涵蓋許多領域，例如：專案管理、商情預測、生產計畫與管制、品質管理、存貨管理、供應鏈管理等等，這些章節都可開設獨立課程，且新的學說紛紛出現，因此不同的作者在取材上或多或少有所差異，以致造成不少讀者對這門課程研習上之困擾。市面上雖有一些生產管理、生產與作業管理和作業管理的英文書籍，但原文書對許多初學者而言，即便翻譯成中文仍常抓不著頭緒，所以一本有趣的、深入淺出的入門書實有必要。

　　本書的內容多屬標準題材，為了避免用字艱澀與過於瑣碎，作者盡可能用散文的方式表達，並試圖補充一些管理典故及大師群像來增加讀者的興趣。本書從一開始就希望藉由讀者生活經驗來對生產與作業管理作直覺的引入，並穿插與臺灣製造業與服務業有關的題材，希望能為提供讀者研讀之學習動機與興趣。作為生產與作業管理的入門書，本書在寫作上特著重觀念、思維的方法，避免生產與作業管理的一些艱澀量化方法，也沒有天馬行空的案例。本書沒有一般管理書常見之隱晦難解之語句，也沒有繁瑣之現場實務。因此讀者不需任何先備之管理知識或現場實務之經驗即可研讀。

　　本書能提供：(1) 大學生產管理、作業管理或生產或作業管理課程一學期課程之用；(2) 工學院之管理導論課程之用；(3) 現場工程師及非工程職之經理人員之在職訓練教材；(4) 對有志於汲取製造業領域之工商資訊、期刊、雜誌引介相關知識、名詞之用。

作者曾在國立清華大學工業工程研究所博士班進修，為臺灣中油公司退休工業工程師，希望對生產與作業管理之一些觀念與實務（有相當比率是個人工作經驗）能有所融合，但受限於個人之能力，謬誤之處恐在所難免，希望讀者能給予指正，不勝感激。

黃河清　編著

CONTENTS 目錄

品質管理　287

附 錄　327

緒 論

本章學習重點

1.1 引子

1.2 生產與作業管理的意義與目標

1. 理解生產系統之投入、轉換製程到產出、回饋的內容
2. 生產力的意義
3. 理解效能與效率的意義
4. 理解附加價值的意義
5. 理解生產與作業管理之目標

1.3 生產與作業的策略

1. 生產部門的策略規劃應包括哪些項目
2. 理解平衡記分卡

1.4 製造業生產型態

1. 理解製造業生產型態的分類
2. 理解製造業服務化的意義

1.5 離散型製程生產概念

1. 離散型製程生產的加工製程有哪些階段
2. 無人搬運車之重要性
3. 理解前置時間、週期時間、生產節拍的意義
4. 理解瓶頸的意義以及高德拉特對待瓶頸的態度

1.6 限制理論

1. 限制理論之意義
2. 限制理論中的限制是什麼？高德拉特認為突破限制之五部曲又是什麼

1.1 引子

笨蛋，問題在於簡單。Keep it simple, stupid.

（佚名）

什麼是 **生產與作業管理** (Production and operation management, POM) ？這是初學者急欲知道的一個問題。這門課程和其他的管理領域相較下略為艱澀，因此我們用老王牛肉麵店一天的工作，一個貼近大家生活經驗的景象，作為本書的引子。

老王牛肉麵店座落在學校旁的巷子已有十多年，一開始只有老王一個人在店裡忙進忙出的。前幾年因為生意好，所以老王在中午與下午各找一位工讀生，以按時計酬的方式幫忙端碗、洗碗或做一些雜務，其他時間因為用餐的人比較少，這些工作便由老闆娘親自處理。

等一切都就緒後，思考一些問題，例如：今天要買多少食材？瓦斯夠不夠？是不是有什麼帳單到期了？

每天一大早，老王便到早市去採購，主要購進有：白菜、大蔥等，這些都由中盤商李哥供應，醬料則是板橋老張特別調製，牛肉、牛腱及熬湯的大骨、牛油則是購自專門進口外國肉品的肉店，往來已有好幾年，老王所需的牛肉，這間進口肉店都能如質、如數準時送達，又因為老王是老客戶，所以特別通融可兩個月結帳一次，貨源不足時，老王才會找菜市場的秦老闆調貨。

老王除了開爐、洗菜、擦洗排列桌子等例行工作外，還要隨時注意切料、調整火候等等。

晚上十點以後，客人比較少，老王會習慣地和客人閒聊一下，除了拉攏交情外，也想順便聽聽他們的意見及附近餐廳的情形。

最近經濟不景氣，生意也跟著變差，老王想要加賣滷肉飯等臺式料理，以少量多樣的方式經營，但因為每增加一道菜就要多費一道工，所以考慮另外找人幫忙或直接找人代工。前幾天有位遠親剛從上海回來，老王聽說，有個同行在上海開了一家臺灣風味的牛肉麵館，生意好得不得了，於是他頓時為了是否登陸而陷入了深思。

這是老王牛肉麵店一天的情形。

在臺灣無數的中、小型企業乃至中油、台積電等大型企業，每天的生產與作業管理，也跟老王牛肉麵店一樣，大致圍繞在製程規劃、產品規劃、存貨管理、採購與產製活動、營運成本控制、設備維護管理甚至跨國經營等等，只不過他們的規模更大、複雜度更高，作業更細緻，品質要求更高。

製造業與服務業均是臺灣經濟的根本，本書就是針對製造業與服務業的生產和作業管理作一入門引介。

Q. 老王牛肉麵之一天工作與本書哪些章節有關？寫出名稱即可。

1.2　生產與作業管理的意義與目標

工業從哪裡賺到錢？那就是製程，也就是看你提高了多少附加價值。

大野耐一 (Taiichi Ohno, 1912~1990)

生產與作業管理與供應鏈

　　POM 是與生產產品或提供服務有關之系統或製程。管理活動在內涵上包括所謂 5P —勞動者 (People)、工場 (Plant)、零組件 (Parts)、製程 (Processes) 及規劃與控制系統 (Planning and control systems) 等。這些都是本書主要題材。

Q. 請問 5P 各表示什麼？

生產系統

　　由老王牛肉麵的例子，老王每天必須採購牛肉、蔬菜、作料、瓦斯、勞動（投入）來進行烹煮（轉換），如此才有牛肉麵（產出）。在烹煮過程中還須注意火候、味道是否到位，以及顧客之意見（回饋），由**投入 (Input)** 經由**轉換製程 (Transformation process)** 到**產出 (Output)** 之各個階段均設有控制機制以進行**回饋 (Feedback)**，這是一個典型的系統模式，因此我們可以用**系統 (System)** 之觀點來研究企業之生產與作業的管理運作。

學習地圖

系統分析法→ 3.2 節

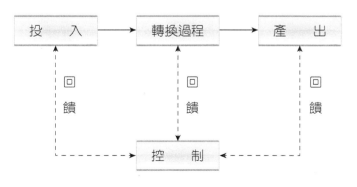

▶圖 1-1
一個典型的系統示意圖

生產與作業系統包括投入、轉換製程、產出及**控制與回饋** (Control and feedback) 四大部分，說明如下：

1. **投入**：生產與作業系統的投入包括：物料、機器設備、勞動力、資金、土地、廠房、能源、**科技** (Technology)、管理等生產要素。其中科技在投入中的分量益形重要。

因為精密機械、電子科技、**資訊科技** (Information technology, IT) 與電子通訊的日新月異，以及它們在生產與作業系統運作上的成功應用，推使企業對科技莫不投以最大的注意與關切。企業應用之科技大約可分三類：

(1) **產品科技** (Product technology)：與產品的**研究發展** (Research and development, R&D)、設計有關之科技。

(2) **製程科技** (Process technology)：製造系統從投入到產出所應用之科技，具體言之，製程科技是應用在產品或服務的知識或技術。

(3) **IT**：在製造系統中能應用於資訊之擷取、處理、貯存與傳輸並作出有效決策之有關科技。IT 通常涵蓋**硬體** (Hardware)、**軟體** (Software)、**資料庫** (Databases) 與**電信** (Telecommunications) 等四個領域，有興趣的讀者可參考計算機概論或相關書籍。

適當地應用科技往往能創造出競爭的優勢，但這裡所謂的「適當」在拿捏上並不是一件容易的事，因為就許多工作而言，鋸子有時還比電腦控制的高科技雷射更有效果。

生產與作業系統

├── 投入
├── 轉換製程
├── 產出
└── 控制與回饋

製造業應用之科技
1. 產品科技
2. 製程科技
3. 資訊科技

Q. 製造業引用之科技可分為哪幾類？

學習地圖

研究發展→ 5.4 節

2. **轉換製程**：轉換製程包括**系統設計** (System design) 和**作業規劃與控制** (Operations planning and control) 二大部分：

(1) **系統設計**：包括產品設計、製造系統設計、設施系統設計、工作系統之設計等。系統設計是屬於企業**戰略** (Strategic) 層次，因此會影響到日後生產與作業系統之執行順利與否，同時系統設計一旦完成後不容易修改，即便勉強修改，也可能會耗用大量人力與財力，因此系統設計在規劃時即須縝密。

(2) **作業規劃與控制**：包括生產規劃、存貨管理、物料規劃與管理、排程規劃、維護保養與品質管理等。作業規劃與控制屬**戰術** (Tactical) 層次甚至作業層次，多為生產與作業系統之**例行管理** (Routine management)。

3. **產出**：生產作業系統之產出主要為產品、服務及其**副產品** (By-product)，但因生產系統之產出通常還會伴隨著一些廢料、汙染物等，近來環保意識高漲，這些廢料、汙染物處理不當，便會激起民眾或環保團體之抗爭，影響到企業之生產活動，也會造成公司負面形象。2013 年 12 月，半導體大廠日月光因長期排放重金屬、強酸廢水到後勁溪，造成嚴重汙染，高雄市環保局一度要求停工，即為一例。因此工業廢棄物與汙染物之處理及減廢，也成為製造業營運之重點。

4. **控制與回饋**：生產者在生產系統中設立許多**檢驗點** (Holding point) 來蒐集生產進度、不良率、生產成本等生產資訊，目的是要與原設定的標準進行比較以決定是否需要採取**矯正措施** (Calibration)。

轉換製程
— 系統設計：
　戰略
— 作業規劃與控制：
　戰術

產出
— 產品、服務
— 副產品
— 廢料、汙染物

學習地圖
永續設計→ 5.2 節

附加價值

生產與作業系統的目
的—附加價值。

生產與作業系統運作的目的在創造**附加價值** (Value-added)，簡單地說，附加價值就是生產者在不同的生產階段，透過改變形狀、特性、增添其他物料或零組件後所增加的價值。以麵條為例：小麥收割後，送到麵粉工廠磨成麵粉，麵粉的單價比穀物高一些，這個差額就是麵粉廠生產麵粉的附加價值，麵粉又分高筋、低筋，不同品類的麵粉其附加價值也就不同，麵粉送到麵條工廠做成麵條，麵條的價值比麵粉高，因此又產生了另一個附加價值。

顧客購買產品或接受服務的動機除了價格、品質外，往往還取決於它的附加價值。手機業者提供顧客更便捷之售後服務、軟體業者對使用者提供教育訓練，都讓顧客在購買商品後能得到更多的方便與滿足感，它們都為產品創造了附加價值，從而增強了顧客購買的動機。

製 程

Q. 請解釋內部顧客
與外部顧客。

不論在學界或實務界，**製程** (Process) 都是最常碰到的名詞。簡單地說，製程就是將投入轉變成顧客所要之產出。這裡的顧客有兩種，一是**內部顧客** (Internal customer)，公司內部工廠或部門、前後製程都是內部顧客；一是**外部顧客** (External customer)，購買本公司**最終產品** (Final goods) 之顧客或中間商（包括：批發商、零售商等）就是外部顧客。

套疊製程
製程中另有製程

許多製程在作業上必須再下分成若干個**子製程** (Sub-process)，形成製程中另有製程。例如在製程 A 中有一部分必須在製程 B 先行加工後再回製程 A 繼續完成，這種情形稱為**套疊製程** (Nested process)。

生產力

生產力 (Productivity) 是用做評估生產系統**績效** (Performance) 的指標，一般定義是：

$$生產力 = \frac{產出}{投入量}$$

由公式可知生產力的意義是計算每投入一個單位能有多少產出。不同的單因子投入便有不同意義的生產力。例如：我們想了解每投入一位勞動者的生產力為何，便可用

$$勞動生產力 = \frac{產出}{勞動力}$$

投入量只有單一因子，這樣算出來的生產力稱為**單因子生產力** (Single factor productivity)。如果我們同時考慮到勞動力與機器的生產力，那麼這樣算出來的生產力就稱**多因子生產力** (Multifactor productivity)。多因子生產力計算時，若不同投入因子間之計量單位不同，在數學上是不可相加，因此就必須轉化成一個可相加之衡量單位，貨幣是最常用的衡量單位。例如：

$$多因子生產力 = \frac{產出量}{勞工成本 + 材料成本 + 製造費用}$$

生產系統績效

$$生產力 = \frac{產出}{投入量}$$

計算例：

某公司一天生產 1,000 打之鉛筆。

(1) 若公司有 10 名作業人員，求勞動生產力。

(2) 若又知為生產 1,000 打鉛筆，須支付作業人員薪資 $20／人，物料費用 $100，經常性支出 $200，求多因子生產力。

解答：

(1) 勞動生產力 $= \dfrac{產出}{勞動力} = \dfrac{1,000\,打}{10\,人} = 100\,打／人$

(2) 多因子生產力 $= \dfrac{產出量}{勞動成本＋材料費用＋經常性支出}$

$= \dfrac{1,000\,打}{\$20／人 \times 10\,人 +\$100+\$200}$

$=\ 2\,打／元$

影響生產力的原因

影響生產力的原因很多，略述如下：

- 品質：產品或服務的不良率大，這表示必須**重工** (Re-do)，當然會降低生產力。

- 資訊化的程度：**網際網路** (Internet) 的使用可增加企業資訊流通的速度，有利於企業對經營系統的掌控。作業人員對 IT 掌握之能力更是企業 IT 深化與廣化的關鍵。

- 技術：不論產品與服務的技術、**流程技術** (Process technology) 或 IT，都是提升生產力之重要手段，尤其自動化更是提升生產力的利器。

- 安全：工安事故往往會造成機具設備停工待修或政府勒令停產，當然會影響到生產力。

- 人員：不論機器的操控、維護保養、系統的監控檢測與運作都需要靠作業人員，因此人員之遴選、訓練與激勵都是企業提升生產力的必要措施。

生產力的改善

生產力改善的途徑有：

- 作業**標準化** (Standardization)：因為產品標準化越高，品質變異越小，這有助於提升產品的品質。

- 對所有作業找出衡量生產力的公式。

- 管理階層的支持及配套的激勵措施。

- 找出關鍵作業，然後用系統的方法來提升整體的生產力。

- 擬定合理的改善目標並公布改善後之績效成果。

- 透過徵詢員工意見，尋找**標竿** (Benchmark) 等方式，對工作作全面檢討。標竿是在同業或異業中找出一個最佳的企業，透過學習、比較來提升競爭力的過程。

日本改善大師今井正明 (Masaaki Imai, 1930~) 指出，許多人認為提高生產力的關鍵在於找出正確的指標，但這就好像在一個寒冷的房間裡，不去添加柴火或檢查火爐是否出了什麼問題，反而一昧研究如何調整溫度計的刻度，這是無濟於事的。

Q. 你能否舉出提升生產力之 8 個方法？

我們無法用生產力大小來評估企業獲利的程度，所以提高生產力並不保證會增加企業的利潤或競爭優勢，許多企業以裁員的方式來提高生產力，結果卻往往損及了產品品質與生產彈性，影響到企業的競爭力。因此研究生產力時必須兼顧到競爭力，一旦企業有了競爭力，那它在業界存活甚至領先業界其他競爭者的機會必定大增。因此，我們接下來談競爭力。

Q. 若一昧地增加生產力而不考慮競爭力會產生哪些問題？

影響競爭力的因素

企業之產品或服務是否滿足消費者需求,以及定價水準、廣告和促銷都是行銷部門影響企業競爭力的因素,但就生產與作業部門而言,影響企業競爭力的原因有:

1. 產品與服務的設計:產品與服務的獨特性與上市時間,以及產品與服務的創新能力。

2. 品質:好的產品或服務的品質有助於維繫顧客的忠誠度。我們將在第九章詳細對品質做一討論。

3. 成本:成本直接影響到產品或服務之定價,而關乎競爭力。

4. 快速回應:企業面臨市場機會或需求改變時之**快速回應** (Quick response, QR) 的能力,這對壓縮產品或服務的改良或創新的時間上都很重要。將新產品、服務或改良後的產品或服務盡速上市、顧客下單後盡速將產品送達顧客指定之交貨處或者是盡速處理客訴等都是快速回應的例子。持續的流程分析與改善是 QR 的最大動力。

5. 彈性:在快速競爭、瞬息萬變之市場環境下快速調整生產或服務優先順序的利自屬競爭力重要的一環。

6. 地點:工廠位置會影響到勞工的來源、原物料與製成品的運輸成本等。服務業之服務據點會因客群聚集與流動之程度而影響到它的競爭力。

7. 供應鏈管理:供應鏈中某個企業夥伴出現了重大營運問題,勢必會直接影響到企業的競爭力。我們在第八章會做更詳細的說明。

8. 存貨管理：存貨是企業營運所必須的，但是過多的存貨不僅影響企業資金的運用，也會掩藏生產問題，因此如何在存量與營運需要之間做一拿捏是作業部門關切的事。

9. 服務：就服務業而言，額外的關心、禮貌對競爭力有很大的幫助；就製造業而言，製造業服務化已是製造業必然趨勢，因此服務是企業競爭力的一個要項。

10. 管理者與員工：包括激勵員工將其技能、創意與工作的熱忱貢獻企業，維持勞工和諧等。

效能與效率

談到生產力往往會連帶想到**效能** (Effectiveness) 與**效率** (Efficiency)。效能與效率是兩個容易被人混淆的名詞。簡單地說，效能是「**做對的事**」(Do the right thing)，效率是「**把事情做對**」(Do the thing right)。彼得・杜拉克 (Peter F. Drucker, 1909~2005) 指出，效能與效率不應有所偏廢，但這並不意味著效能與效率有同樣的重要性，當兩者無法兼得時，首先應著眼於效能，然後再設法提高效率。有些企業一昧地增加生產力，造成大量存貨，提升了效率卻犧牲了效能，不僅不能解決問題，反而衍生更多的生產問題。

> 效能：做對的事
> 效率：把事情做對
> 先效能後效率

> Q. 能否舉個無效能但有效率的例子？

> Q. 舉例說明效率高而效能低的例子。

生產與作業管理之目標

生產與作業管理要對企業的生產系統進行規劃、決策與執行，以有效地達到四個最基本之管理目標：提升品質、降低成本、保證交期與生產彈性。**品質**（Quality；中國大陸稱

> Q. 簡述生產與作業管理之目標。

為**質量**)、**成本** (Cost)、**交期** (Delivery) 與**彈性** (Flexibility) 並稱 QCDF。以 QCDF 作為生產與作業管理之終極目標。

品 質

學習地圖

品質管理→第 9 章

學習地圖

品質成本→ 9.1 節

企業根據其品質政策或目標、契約規定、產品或服務之**市場定位** (Market position) 或消費者預期之品質水準外，還可能參考對手產品來訂定自身產品之品質標準。有些業者還存有改善品質會增加成本以致犧牲獲利的迷思。但近年來有越來越多的企業認為提升品質可以降低產品不良率及顧客退貨所造成的品質成本，堅信好的產品與服務品質有助於維持顧客的忠誠度，進而有助於業者的生存與發展。當今之行銷環境下，品質的重要性已毋須特別強調，因為它已成為企業生存之基本要件了。《追求卓越》(In Search of Excellence) 的作者 Thomas J. Peters 與 Robert H. Waterman, Jr. 認為，卓越的品質至少應具備的條件有：

卓越品質的條件至少有：
- 高階領導
- 顧客導向
- 全員參與
- 製程分析
- 持續改善

➡ 高階管理的領導。

➡ 顧客導向的觀點。

➡ 員工全面參與。

➡ 嚴謹的製程分析。

➡ 持續改善。

上世紀七〇年代中期以來，品質管理趨向國際化，許多產品需要有 ISO 認證，這種品質認證不僅成為產品交易、履約之要件，也是企業形象之表徵。

成 本

成本是為完成或取得某件事物所付出的代價，它直接攸關企業之利潤水準，在目前微利的時代，企業賺一塊錢比省一塊錢更為困難。因此如何降低成本向為企業持續關注與興趣。

企業界看待成本的方式有兩種：一是採成本主義，一是不採成本主義，兩者的差異就在於對利潤的態度：

採成本主義者認為售價＝成本＋利潤，因此成本主義者是要在成本加上一些利潤來決定產品之價格水準，這就是**成本加成**（Cost mark-up 或 Cost plus）的訂價方式。但這種將成本轉嫁給消費者的訂價方式，在當前高度競爭之市場環境下很難為消費者接受。

成本加成訂價法
價格＝單位成本 ×
（1 ＋成本利潤率）

不採成本主義者認為利潤＝售價－成本，像豐田汽車等一些日本企業認為既然產品之售價是由市場機制所決定，企業想要獲利的話，必須從降低成本著手。乍看之下，兩者只是數學移個項而已，但觀念上卻有很大差別，而這種差異就會反映在他們的經營理念上，例如：日本企業側重**市場占有率** (Market share) 與**附加價值**，如何生產高品質、高附加價值的商品與持續地降低成本便成為日系企業之經營主體。歐美企業多採成本主義側重短期利潤，因而**投資報酬率** (Rate of investment, ROI) 便為主要經營指標，企業經營的目的則在維護股東權益。

Q. 採成本主義與不採成本主義之差異為何？如何反映在經營理念上？

交 期

交期是**以時間為基礎之競爭** (Time-based competition)，講究的就是速度，交期不單是依顧客或契約指定之日期提供產品或服務而已，廣義地說，它還包含持續搶先推出新產品或新的服務上市。在當今少量多樣之市場型態，**產品生命週期** (Product life cycle, PLC) 越來越短，因此，產品從開發到上市之時程都必須予以壓縮，才能搶先推出新產品或新的服務，如此方能在高度競爭的市場環境中勝出。

學習地圖
產品生命週期→ 5.1
節

交期對季節性或時尚性產品尤為重要。如果聖誕燈飾的訂單，過了聖誕假期後才能交貨，不僅會喪失市場，還可能會遭逾期罰款甚至解約，這便是企業因無法掌握交期所招致的懲罰。

過去臺灣電子廠商採接單後生產，從 955（95% 貨品於 5 天內交貨）進步到 983（98% 貨品於 3 天內交貨），如今已是 1002（100% 貨品在 2 天內交貨），嚴守交期是臺灣許多企業能為一些**世界級製造廠商** (World class manufacturer, WCM) **代工** (Foundry) 的重要原因之一。

彈性

學習地圖

彈性→ 6.5 節

由於當今快速的競爭環境以及多樣化、個別化之消費習性，造成廠商臨時插單或抽單的情況頻仍，廠商在訂單衝突時，必須有快速調整**優先順序** (Priority) 的能力，因此彈性生產的能力自然為業界所關切。

企業經常要面臨品質、成本、交期、彈性等問題，但因自身的資源有限，很可能會顧此失彼，所以在擬訂生產規劃時必須有排定優先順序以及**取捨** (Trade-off) 之能力。

學習地圖

取捨→ 3.2 節

當讀者往後研習生產制度、製造技術等課題時，都應該想想：

➡ 它為企業創造了哪些附加價值？
➡ 它是否可以降低成本？
➡ 它是否可以提升品質？
➡ 它是否可以確保交期或縮短工期？
➡ 它是否可以可使生產有更大的彈性？

學習地圖

改善→ 9.4 節

Production and Operation Management

大師群像－今井正明

今井正明（1930~），畢業於東京大學，是日本的品質管理大師，Kaizen（改善或持續改進）之推動者，因此有企業改善之父之美譽。他於 1986 年成立了 Kaizen 學院 (Kaizen Institute)，主要是將日本式的品質管理傳播給西方企業。他的主要著作有《改善：日本競爭成功的奧祕》(Kaizen:The Key to Japan's Competitive Success) 和《現場改善》(Genba Kaizen)。

Production and Operation Management

管理加油站

知識

自人類有經濟活動開始，知識即在其間扮演重要角色，古人很早就推出曆書，人們依據曆書指定的季節時辰進行春耕秋收，古代的漢醫依據人的陰陽五行進行醫學診斷等等，到了工業時代，知識的重要性益加顯著，因此知識在人類經濟活動中均占有一定的重要性，只不過在傳統的經濟系統下，與其他生產要素相較下，知識所占的比重沒有那麼大而已。

Peter Drucker 早在六○年代，即認為知識早已凌駕土地、資本、勞力、原料等成為企業內最具決定性的生產要素，資訊和知識躍居為企業最主要的資源。

外顯知識與內隱知識

知識管理的先驅者，野中郁次郎基將知識分為外顯知識 (Explicit knowledge) 與內隱知識 (Tacit knowledge) 兩種：

1. 外顯知識：凡是可以透過訓練教材、操作手冊等用語言文字表達將它做成書面檔案，稱為外顯知識。據估計，約有 20% 的知識是屬於外顯知識。外顯知識具有教導、傳承之功能。

2. 內隱知識：必須靠個人體會才能有所領悟的知識稱為內隱知識，除外顯知識外，其餘 80% 的知識是屬於內隱知識。內隱知識蘊含有只可意會不可言傳的知識或竅門，同樣的教導，同樣的課本，有的同學一點就通，有的同學老是不開竅；又如有許多老領班因其長期累積的工作經驗，在其業務領域中早已是專家能手，但卻無法清晰點出箇中竅門，這些都是內隱知識傳播困難之所在。有些知識管理專家做了許多建議，例如在企業內部透過下午茶的方式來營造一種自在和諧甚至欣愉的氣氛，以利於培養出自由交談、心得交換與分享氛圍。這就是《有用的知識》(Working Knowledge) 作者 Larry Prusak 所稱的知識市集 (Knowledge marketplace)。內隱知識的確不易言傳，但並不表示完全無法傳授，因此傳授者必須對所欲傳授的知識，除在內容上有高度的觀念化掌握外，內省的能力（很清楚自我學習與成長的心路歷程）、同理心（能感覺對方的優點與障礙之所在），以及與人交流分享的意願都是必要的。外顯知識之傳授問題並不大，但如何將內隱知識與組織內其他同仁分享，則知識的擴散、保存以及因而造成的知識創新將是十分可觀的。

當下經理部門主管應扮演好教練的角色，如何做個好老師將是每個經理人迫切需要的訓練。

1.3 生產與作業的策略

企業取得並保持競爭優勢有兩種基本方法,一是尋求營運效益,一是追求策略定位。

策略大師 Michael E. Porter

策 略

科技的演進、消費的趨勢、或政治社會情勢等,使得企業一直處在多變的競爭環境裡,這些變化通常不是企業所能掌握甚至預測得到的,例如:如果某企業在 2019 年做 5 年之銷售預測,一切可能充滿樂觀,詎料 2019 年之美中貿易大戰,再加上 2020 年之新冠肺炎事件,之前所做之樂觀預測一夕翻盤。但企業必須要調適因應。變化為企業帶來了機會也帶來了威脅,同樣也發生在競爭對手身上,達爾文的適者生存、優勝劣敗的例子在商場上屢見不鮮,為此,企業必須適時地、動態地調整他們的因應**策略** (Strategy)。

作業策略

作業策略 (Operations strategy) 是作業部門執行任務之指導方針,要談作業策略就要從它的源頭──企業**使命** (Mission) 談起。

簡單地說,企業的使命是企業在經濟社會中所扮演的根本角色、應負的責任和存在的理由。有了使命後,就會對企業前景和發展方向制定一個簡要但明確的**聲明** (Statement) 或**願景** (Vision),以凝聚企業內部之共識,激勵士氣從而落實組織目標和行動方案。

企業有了願景就據此擬定作業策略。茲舉一些企業之使命與願景如下：

	使命	願景	經營理念
中油	穩定能源供應 提供多元服務 追求永續發展	涵蓋探勘、油氣、石化，高科技具競爭力之綜合性國際能源集團	品質第一 服務至上 貢獻最大
華為	聚焦客戶關注的挑戰和壓力，提供有競爭力的通信解決方案和服務，持續為客戶創造最大價值	豐富人們的溝通和生活	—
蘋果電腦	藉推廣公平的資料使用慣例，建立用戶對網際網路之信任和信心	讓每人擁有一臺電腦	—

策略這個名詞源自軍事計畫，後來被管理學者引申為目標及為達成目標所擬訂的執行方針。因此，先設定好目標然後才有因應策略，也就是先有靶（目標）才有箭（策略）。有了目標、定好了策略後，就要付諸執行。

公司的策略有其階層性，公司層級會根據經營理念找出**核心能力** (Core competencies)，發展**競爭利基** (Competitive niche)。「核心能力」是我們經常聽到也琅琅上口之一個名詞，要精確定義它並不容易，大體來說，就是別人模仿不來，但足以確保公司的競爭優勢的獨特屬性或能力。例如：日本佳能 (Canon) 的核心能力是光學影像製造、微處理機的控制，因此儘管他們的產品種類繁多，如影印機、雷射印表機、照相機等等，但追根起來都有與光學影像有關的科技，也就是佳能核心能力的影子。

企業定義出自身的核心能力後，會就市場定位競爭環境發展出公司之競爭策略，以取得競爭優勢。企業之策略大致可歸納下列三個面向：

核心能力

公司獨特之屬性或能力以確保競爭優勢

Q. 請在網路上再找三個企業，指出它們的核心能力。

➡ **低成本** (Low cost)。

➡ **快速回應** (Quick response, QR) 的能力。

➡ 與競爭對手之**差異性** (Differentiation)。

全球性策略

　　企業之**全球性策略** (Global strategy) 所考慮之面向，包括生產外購之零組件或服務是否採全球性採購、對抗國外競爭者的威脅或是積極打入國外市場等。**策略聯盟** (Strategic alliances) 與**國外設址** (Locating abroad) 是二個常見的全球性策略：

(1) 策略聯盟的形式有：合作關係、合資關係或**技術授權** (Technological licensing) 等。

(2) 國外設址則是在國外設立生產或銷售據點。

作業的策略

　　當公司策略下傳到生產部門，生產部門會根據公司策略擬訂好因應之策略。生產部門的策略多偏向戰術性，例如：

➡ 產品技術：包括要採標準化或客製化產品、產品之功能定位、產品模組化的程度等。

➡ 生產規劃：採追趕需求策略還是平準策略？

➡ 垂直整合：垂直整合還是外包？

　　就生產的立場，作業的策略引導了各種生產規劃以達成目標，策略規劃之步驟：

1. 界定任務目標：根據企業的目標和使命，確定任務目標好作為未來努力的方向；

策略

公司：戰略性

學習地圖

模組化→ 6.5 節

學習地圖

平準→ 4.2 節

學習地圖

垂直整合 vs 外包 → 8.3 節

Q. 企業策略規劃之步驟為何？

Q. 如果你是大學畢
業生，請就未來
職涯做一 SWOT
分析。

2. 進行 SWOT 分析：就企業的外在環境，分析其**機會** (Opportunity) 和**威脅** (Threat)，並就企業的內在環境，分析其**優勢** (Strength) 和**劣勢** (Weakness)，作為規劃和執行策略的依據；

3. 根據 SWOT 分析結果，建構各種執行策略；

4. 執行策略：將建構成的策略，付諸執行；

5. 成效評估：就計畫目標與執行之結果進行檢討，作為未來修正目標或改進計畫的依據。

平衡記分卡—策略轉換成行動

平衡計分卡
—— 財務
—— 消費者
—— 企業內部流程
—— 學習成長

Q. 簡述平衡記分
卡。

1990 年美國哈佛大學科普蘭 (Robert Kaplan) 與諾頓 (David Norton) 二位教授提出了**平衡記分卡** (Balanced scordcard)。這是一個由上而下的管理系統，它整合了財務、消費者、企業內部流程與學習成長四個區塊，各有獨立的目標、評量、指標、行動，藉由檢討、分析，這四個區塊可平衡財務與非財務、內部與外部、過去與未來，同時管理者也可藉由平衡記分卡針對每一個區塊的競爭者進行比較。雖然平衡記分卡有助於經理人對經營策略之重視，但對策略之組成並無脈絡可循，同時它未將供應商、政府因素、環境因素及永續經營等重要議題納入，但這些議題稍一縱忽，就可能受到如環保團體、社運團體等壓力團體攻擊而損及商譽，這些都是平衡計分卡應用時需注意之處，但總的來說，它仍不失為一個經營策略之好工具。

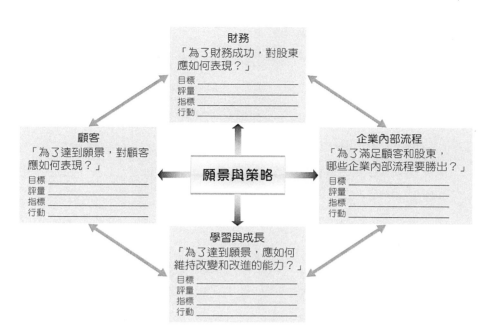

財務
「為了財務成功，對股東
應如何表現？」
目標＿＿＿＿＿＿＿＿
評量＿＿＿＿＿＿＿＿
指標＿＿＿＿＿＿＿＿
行動＿＿＿＿＿＿＿＿

顧客
「為了達到願景，對顧客
應如何表現？」
目標＿＿＿＿＿＿＿＿
評量＿＿＿＿＿＿＿＿
指標＿＿＿＿＿＿＿＿
行動＿＿＿＿＿＿＿＿

願景與策略

企業內部流程
「為了滿足顧客和股東，
哪些企業內部流程要勝出？」
目標＿＿＿＿＿＿＿＿
評量＿＿＿＿＿＿＿＿
指標＿＿＿＿＿＿＿＿
行動＿＿＿＿＿＿＿＿

學習與成長
「為了達到願景，應如何
維持改變和改進的能力？」
目標＿＿＿＿＿＿＿＿
評量＿＿＿＿＿＿＿＿
指標＿＿＿＿＿＿＿＿
行動＿＿＿＿＿＿＿＿

▶**圖 1-2**

平衡訂分卡示意
圖

資料來源：Kaplan, R. S. and Norton D. P. (1996). Using the balanced as a strategic management system. Harvard Business Review, Jan-Feb, p.76.

藍海策略 vs 紅海策略

　　藍海策略 (Blue ocean strategy) 是另一個最近很夯的策略概念，它是源自歐洲管理學院 (INSEAD) 金偉燦（W. Chan Kim; 1952~，韓裔）與雷妮 (Ren'ee Mauborgne) 之名著《Blue Ocean Strategy》。

　　往昔企業經營者以壓低成本、搶占市場占有率、大量傾銷等手法以取得企業利益，金偉燦與雷妮稱這種**你死我活競爭** (Head-to-head competition) 的市場為**紅海** (Red ocean)。1980 年代以來，波特 (Michael Porter; 1947~) 所引領之主流思考，即是以競爭為中心的「**紅海策略**」，三星為典型代表，不斷地以垂直整合或兼併的方式來擴大自己的事業版圖。

　　金偉燦與雷妮認為企業的永續成功，不在於削價競爭，而是創造嶄新的未開發的市場，這個市場稱為**藍海** (Blue

ocean)。**藍海策略**強調的是有效擴大新的需求,把產業的餅做大,維持高獲利,蘋果就是典型。**藍海策略**一再強調:經營者不應該把競爭當做假想敵,而是要去開創自己的藍海商機。**藍海策略**者以領先的、動態的創新先期進入市場,以占有先期的利潤,因此是業界賺最多的一群。藍海持續一段時間後就有競爭者出現造成市場飽和而又轉成紅海,藍海與紅海就好像日夜般地周而復始著,因此一旦開拓了新的藍海後就要再找另一個**藍海**,否則就又要陷入紅海之深淵了。

總之,藍海策略之實踐者不把競爭對手當做假想敵,當然也不汲汲於與對手競爭,他們強調的是如何為顧客和公司創造價值。藍海策略對許多企業而言或許是個理想,但實務上如何根據當時之市場競爭環境下由紅海策略轉為藍海策略,業者之決心與核心能力應是關鍵。

藍海策略
 ├─ 創新
 └─ 開拓未開發市場

紅海策略
 └─ 降價競爭

Q. 用你自己的話簡單說明什麼是紅海策略?什麼是藍海策略?

1.4　製造業生產型態

企業越能讓產品隨之而來的服務出類拔萃，就越有機會把領先品牌拉下馬。

行銷大師科特勒 (Philip Kotler, 1931~)

製造業 vs 服務業

　　一個國家**製造業** (Manufacturing) 之範疇與規模可展現出一個國家的科技水準和經濟實力。不論臺灣的經濟奇蹟、韓國的漢江奇蹟或者中國大陸的迅速崛起，製造業都扮演了一個關鍵的角色。

　　製造業是廣告、海運、保險、金融等服務業之重要服務對象，所以一個國家的製造業能健康發展確能保障服務業的蓬勃發展。如果製造業不振，勢必會波及服務部分。根據 2013 年德意志銀行報告，過去 10 年間，德國服務業曾因工業蓬勃發展的支撐下，得以享有高度成長，後來德國製造業因處欲振無力之境況，德國服務業營收量也不過維持原地踏步，就是一個例子。同年美國歐巴馬與繼任之川普總統均一再號召製造業回國，推動「再工業化」，除了要復甦製造業，鞏固部分產業的全球主導地位外，還有創造就業機會與永續發展的更深遠的意義。

Q. 請上網列舉製造業對一個國家之重要性。

　　因此要說製造業是現代國家經濟成長的發動機，一點也不為過。但近年來因製造業紛紛引入不同程度之自動化，以致大量勞動人口流向服務業，以美國為例，她的服務業人口即占整個就業人口之 70%，服務業對國家 GDP 之貢獻也往往比製造業為大。我國行政院主計總處統計，2018 年服務業 GDP 產值為 11.3 兆元，占全國 GDP17.8 兆元之 63%，這說明了服務業對臺灣經濟發展之重要性，世界先進國家也多如此。

臺灣製造業的詳細分類，讀者可參考行政院主計處編印的中華民國行業標準分類，以機械工業為例，可再分為金屬製品業、一般機械業、電器機械業、運輸工具業、精密機械業五個中類。

製造業生產型態的分類

製造業範圍廣泛，生產作業型態差異很大，這種差異可能來自產業類別、企業規模或技術複雜度等，因此學者習慣上將生產型態依製程、顧客訂貨方式、標準化程度等面向予以分類，實際上有很多企業是橫跨好幾個類別。

依製程型態分類

製造業依製程可分**零工生產** (Job shop production)、**批次生產** (Batch production)、**重複性生產** (Repetitive production)、**連續型製程生產** (Continuous process production) 與**專案生產** (Project production) 五大類，分述如下：

1. **零工生產**

    零工生產又稱為單件小批量或少量多樣生產。零工生產通常是依據顧客的訂單從事小批量生產，或只生產一種產品，或一次一件之**單件生產** (Unit production)。

    零工生產之廠家通常是採用通用化程度較高之機器設備從事生產，操作人員對於施作工項之熟練度要求相對比較高。零工生產之廠家會因沒有訂單而停工，因此較難訂定較長期之生產規劃。

    現今流行少量多樣的生產方式，但是過度的多樣化會增加製造成本，使得廠商對產品多樣性的程度進行檢討。

2. **批次生產**

    批次生產又稱為**間歇性生產** (Intermittent production)，是一次性地或週期性地用通用型之機器設

備從事中等批量的生產，以滿足顧客對產品之持續性需求。批次生產對勞力技能的要求不若零工生產那麼高。

3. 重複性生產

　　重複性生產也稱為**大量生產** (Mass production)，它是利用專用的機器設備從事大批量生產，製程與產品規格均事先決定，故產品品質較穩定、單位製造成本較低，材料、零組件在準備上也較容易規劃，大部分的工藝技術已嵌入機器設備裡，因此操作人員操作技術在的要求上要比零工、批次生產來得相對單純。大量生產在產品計畫及產品規格上不易變更，因此應付顧客特定需要的彈性也相對來得小。某個機器設備或操作環節發生問題時，很可能會波及整個製程。大量生產之存貨通常較偏多。

　　這類製程生產之產品是由許多零組件構成，在生產過程中，經一連串之工序進行加工、裝配的工序後將**半製品** (Work in process, WIP) 用**輸送帶** (Conveyor) 等方式由一製程運送到下一製程，因此又稱為**離散型製程生產** (Discrete process production)。汽車、電子產品等都是離散型製程生產的例子。因此，生產線或**裝配線** (Assembly line) 是重複性生產之特色。

學習地圖
更多的離散型製程
→ 1.5 節

　　大量生產是上世紀中期以前重要的生產方式，迄今仍有許多企業採大量生產。福特汽車公司之 3S—產品**單純化** (Simplification)、零組件**標準化** (Standardization)、作業**專門化** (Specification) 就是大量生產盛行的年代裡最具代表性的生產哲學，因此大量生產競爭優勢大致來自產品品質的一致化及低製造成本。

3S
=Simplification
　+Standardization
　+Specification

4. **連續型製程生產**：連續型製程生產是將原材料在生產線一端投入後，按工序連續加工以大量生產高度同質化產品，生產設施也是按工序來布置，煉油、水泥、製糖等都是連續型製程生產的例子。連續型製程生產多屬存貨生產。

5. **專案生產**：專業生產是在特定之時間及預算下要完成一個大型或創新性極高之特殊單件的非例行生產型態，如造船、建水壩等。

我們可將大量生產、批次生產、零工生產與專案生產畫在一張坐標紙上，由圖知，重複性生產之產出量最大，客製化與複雜度最小，專案生產反是，而零工生產與批次生產則介於二者之間。

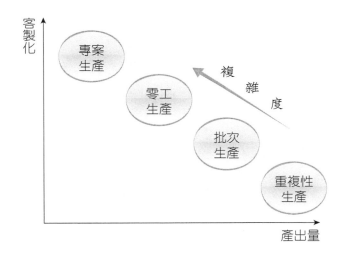

除製程型態分類外，還有下列幾種分類：

依產品標準化程度分類

客製化之英文也有人用 "tailor-made"

製造業依產品標準化程度可分**標準化生產** (Standardized production) 與**客製化生產** (Customized production) 兩類：

1. **標準化生產**：標準化生產之產品具有高度之**齊質性** (Uniformity)，如家用電器，這類產品通常使用**模組化設計** (Modular design)，在生產過程中可能有相當比重之零組件來自外購。

學習地圖
模組化設計→ 5.3 節

　　從事標準化生產之廠商必須根據市場需求、自身之生產能力來擬訂生產計畫，同時還要維持相當的存貨來因應市場需求。標準化生產通常可創造出低成本之**利基** (Niche)。

利基 (Niche) 是法文，意思是把…放入壁龕，商業引申為關鍵性、獨特性的核心技術（如創新設計、技術能力、行銷通路…等），足以讓企業取得競爭優勢。

2. **客製化生產**：客製化生產是依據顧客的委託而進行設計、產製，因此是以訂單生產為主。客製化生產者須備有多用途之生產設備進行產製，製程較為複雜，因此客製化生產之作業人員所需具備之工藝能力通常要比標準化生產來得高。

　　大量客製化 (Mass customization) 是標準化加上某種程度的客製化之生產方式，因此它有標準化生產所帶來之低成本、快速生產、迅速交貨的競爭利基外，還可滿足顧客之個別需求。模組化生產或許是一條有效的途徑。

Q. 解釋大量客製化。

　　為了因應大量客製化，過去許多生產者就用標準化的產品為基礎，然後針對顧客的特定需求加以調整、修改，但近年來大量客製化之生產哲學演變成一開始就做出符合顧客需求的產品，如此才能給顧客有量身訂製的親切感與獨特感。

依顧客訂貨型態分類

　　製造業依顧客訂貨型態可分**接單生產** (Make to order, MTO) 與**存貨生產** (Stock to order, STO) 兩類：

Q. 比較接單生產與
存貨生產。

1. **接單生產**：接單生產是根據顧客之訂單加工**產製** (Fabrication)。接單生產的競爭優勢大致來自客製化的能力與交貨速度，因此零組件標準化的程度與適當的存貨對接單生產者是有競爭優勢的。我們前面所說的客製化生產基本上就是接單生產。

2. **存貨生產**：存貨生產是依據市場需要，按照某些**規格** (Specification) 先行產製，其原材料、零組件大致都已標準化。採存貨生產之廠家，會預先將產品貯存在倉庫或批發商處以應付顧客之購買需求。

一個公司之某個產品群也可能跨及好幾個分類，以石油公司為例，它的潤滑油是連續性生產，若碰到某些客戶臨時指定特殊的配方，就轉變成專案生產，有些潤滑油市場需求量少，每季生產一次就變成批次生產。

軟性製造—製造業服務化

現代消費者在購買決策過程中，除了商品本身的價格、功能外，還要看看商品之附加價值，因此軟性製造也就是製造業服務化已是當前製造業發展的一個必然趨勢。在這種消費氛圍下，製造業所賣的除了產品本身外同時還要有相關的服務、支援或知識。製造業伴隨之服務內容有時甚至比產品本身更為吸睛。

Q. 用你自己的話說
明製造業服務
化。

當今製造業面臨微利的生存壓力下，許多國際科技大公司的經營重點已由純粹的硬體製造轉向硬體後面的內容、軟體與服務。美國最大的網路電子商務公司—亞馬遜公司 (Amazon.com) 的獲利模式就是硬體賠錢賣，而由電子書、內容上把利潤賺回來，就是一個例子。

　　一個採取製造業服務化的企業，大致會採取下列兩種策略：一是服務搭配硬體銷售以使服務快速擴散，一是透過服務來推動製造，像 Skype 普及後就有 Skype 手機。

　　21 世紀日本製造業因頻受韓國、中國大陸等追趕之苦，體認出**軟性製造** (Soft manufacturing) 已是當今競爭市場下繼續生存之不可或缺的要素。透過產品加上服務產生出與對手差異化創造出來的競爭優勢，可望成為未來製造業之一項**關鍵成功要素** (Key successful factor, KSF)。

　　行政院自 2012 年起將製造業服務化列入「三業四化」，作為產業的轉型目標。臺灣製造業在推動製造業服務化過程中有一些管理慣性有待克服，例如傳統製造業以產品為核心，省成本等觀念根深柢固，當面臨提供客戶額外服務時便會裹足不前，因此在導入製造業服務化時，首要建立以客為中心的經營理念，利用**顧客關係管理** (Customer relationship management, CRM) 的技巧蒐集、分析客戶的資料，發展現有客戶的關係，主動發現客戶的可能需求等，這些都有賴 IT 的支援，因此能統合資訊統計、行銷領域人才之培訓也必然是製造業服務化當務之急。

三業四化
- 製造業服務化
- 服務業科技化
- 服務業國際化
- 傳產業特色化

　　台積電董事長張忠謀在 1997 年初，就提出臺灣製造業要往服務業發展的願景，建立了**虛擬晶圓廠** (Virtual fab)。台積電客戶可透過網際網路追蹤到他們在台積電所訂製的晶片之生產進度與良率分析，對台積電的客戶而言，虛擬晶圓廠彷彿是自身晶圓廠的延伸，能有效地降低生產成本與縮短產品之上市時程，當然極有利於顧客滿意度的提升。

　　我們就借用行銷大師科特勒 (Philip Kotler; 1931~) 曾經說過的一句話「企業越能讓產品隨之而來的服務出類拔萃，就越有機會把領先品牌拉下馬」作為本節的句點。

1.5 離散型製程生產概念

站在巨人的肩膀上，看得更遠且更清楚，給下一代留下更美好的世界。

高德拉特給後人的叮嚀

上節談到的離散型製程生產在生產與作業管理學術上之論述上極為豐碩，讀者若對它有初步的概念，對於後續研讀上會有很大的幫助。

離散型生產的加工製程

離散型生產的加工製程大體可分加工處理、**裝配** (Assembly)、**物料搬運與貯存** (Material handling and storage)、檢驗與測試及控制等五個階段：

1. **加工處理**：加工處理一般可概分成以下幾個部分：

(1) **基本處理** (Basic process)：將處於最初狀態之原物料轉換成產品所需之基本幾何形狀。

(2) **次級處理**：將基本處理後之工件透過車削、銑、鑽孔等工序以得到最後所要的幾何形狀。

(3) **強化工件之物理性質**：例如金屬零組件之熱處理、成衣布料之防縮處理等。

(4) **完工作業**：完成工件之最後階段所需之加工處理，如鍍金、噴漆等。

2. **裝配**：零組件在加工處理後，接著就要將兩個或兩個以上的零組件予以結合，包括螺絲、鉚釘、機械扣接以及熔接、硬焊與軟焊等，這些過程稱為**裝配** (Assembly)。

3. **物料搬運與貯存**：工件在完成一個製程後，接著就要移轉到下一個製程進行產製或貯存暫放。物料搬運需跨

部門或跨工場，因此作業前必須做好協調與準備的工作，搬運中必須遵循物料搬運之**標準作業程序** (Standand operation procedure, SOP)，倉庫收到電腦指令時，會指出物料之貯存位置，並將物料並運送到指定地點。

物料搬運與貯存之成本約占製造成本中之 30%，耗用的時間亦占生產時間相當大的比率，因此物料搬運之效率問題向為業者所關切，近代的物料搬運系統如：**輸送帶** (Conveyor)、**機器人** (Robots) 與**無人搬運車** (Automated guided vehicle, AGV) 等，對提升物料搬運的效率很有助益。其中值得一提的是 AGV，它具有下列諸優點，故極受業界與學界的重視：

➡ AGV 能處理不同**途程** (Route) 的物料搬運。

➡ AGV 能有效減少物料搬運時間。

➡ AGV 減少了倉儲作業人力，因此可以降低生產成本。

➡ AGV 可以進行危險性物料的搬運與貯存，亦可在危險性較高之作業環境下進行搬運與貯存。

➡ AGV 加上電腦控制，可使得物料搬運與貯存的工作更具彈性。

➡ AGV 可保持一個安靜與乾淨的工作環境。

➡ AGV 可與生產設備或貯存設備搭配使用，使其應用上更見靈活。

AGV 雖有上述優點，在引入前仍應作好效益評估。

4. **檢驗與測試：**檢驗與測試之目的都在判斷產品是否符合設計標準與規格。

途程
自進料到完工所經歷的加工途徑。

Q. 請說明 AGV 在製造業為何特別受到重視？

5. **控制**：生產過程中都設有控制機制，目的是將製程中之生產資訊與原定目標作比對，以確定是否要採取矯正措施。

▶**圖 1-3**

動力滾輪輸送機

▶**圖 1-4**

無人搬運車 (AGV)

前置時間 / 週期時間 / 生產節拍

takt 是德文，意指交響樂團所用的指揮棒。

在 POM 中常用到三個有關時間之名詞：**前置時間** (Lead time)、**週期時間** (Cycle time) 和**生產節拍** (Takt time)，因此，我們在此先做介紹。

前置時間

　　企業活動之前置時間是指活動開始到完成的**歷程**(Duration)。以採購為例，採購前置時間是指買方從下單開始到賣方完成交貨驗收為止所歷經的時間。同樣地，製造前置時間就是產品產製過程中從購備料件以迄完工所需要的全部時間，包括：

➡ **整備時間** (Set-up time)：包括安排工作場所、清洗機臺、換置刀具、治具或夾具及調整機器、設備等所需要的時間。

➡ **操作時間** (Operation time)：包括加工處理及裝配組合所需的時間。

➡ **非操作時間** (Non-operation time)：包括搬運、貯存、擷取、檢驗、等待等非生產性活動所需的時間。

　　習慣上，還沒有進入生產排程前之物料貯存時間是不算在前置時間內。據國外統計，等待占前置時間的比率最大，因此縮短前置時間就要從減少等待時間著手。

治具是由英文"jig"的日文じぐ的漢字「治具」直接翻用，同時具有控制位置和導引刀具兩種功能的裝置工具稱為治具；只握持但不具引導工具的裝置則被稱為「夾具」。在數值控制系統盛行的今日，因為治具之工具路徑已經貯存在記憶體中，使得治具的引導功能減弱，但夾具迄今仍被普遍地使用。

週期時間

　　週期時間是指完成一個產品實際所需的時間，它受到設備加工能力、勞動力配置情況、工藝方法等因素的影響，因此只有透過管理和工藝技術的改進才能有效地縮短週期時間週期時間比較穩定，因此它是製程設計中的一個重要的考慮因素，此外它也常作為評估生產系統效率的一個指標。

週期時間
完成一個產品實際所需的時間。

生產節拍

　　生產節拍是另一個重要觀念。生產節拍（產距時間）是完成顧客訂單或市場需求量的平均實際耗費時間：

生產節拍
完成顧客訂單或市場需求量的平均實際耗費時間。

$$生產節拍 = 有效作業時間 \div 需要生產量$$

公式中之有效作業時間，是可用時間減掉計畫性或規定的停工時間如：日常維護保養、計畫性維修等，但不包含非計畫性維修、切換或不預期的停工待料等。

生產節拍會因有效作業時間與實際需求量不同而有所差異，一般而言，如果生產量穩定，生產節拍也會隨之穩定。

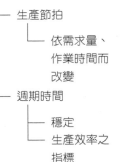

├─ 生產節拍
│　　└─ 依需求量、作業時間而改變
└─ 週期時間
　　├─ 穩定
　　└─ 生產效率之指標

我們可以想像：如果將原材料投入生產系統一直到產出為止都能按生產節拍進行，就好像一個樂團，每個演奏者都根據樂譜上的音符、節拍來演奏，會給人和諧、順暢的感覺。反之，若有人搶拍子、趕拍子，那麼演出的結果一定是雜亂無章，這或許是生產節拍名稱的由來。

例如：某公司是採三班制，每班工作 8 小時，每班均有 60 分鐘之休息時間，輪班交接有 20 分鐘交接時間。若每天生產量為 120 個單位，那麼

$$
\begin{aligned}
生產節拍 &= \frac{有效作業時間}{需要生產量} \\
&= \frac{(480\,分／班 - 80\,分／班) \times 3\,班 - 20\,分／班 \times 3\,班}{需要生產量} \\
&= 9.5\,分／單位
\end{aligned}
$$

若能按生產節拍進行整個製程之產製活動，那麼每個工作站之負荷都能維持在相對穩定的狀態，不會有過緊或過鬆，否則工作站間就會有**間置 (Idle)** 與**忙碌 (Busy)** 互見的現象，以致造成產製活動無法平穩地進行，因此生產系統若按生產節拍進行產製將最能充分運用人力、設備。因此週期時間與生產節拍是相輔相成的，若生產節拍大於週期時間時，因生產能力大於生產需求，便有產能過剩的問題，當生產節拍小於週期時間時，因生產能力小於生產需求就有產能不足

的問題。因此一個生產部門之管理者必須時時惦記著如何縮
小週期時間和生產節拍的差距，以確保整個產製活動都能穩
定有序地進行。生產節拍穩定，那麼就可利用生產節拍作為
提高週期時間的一個標準，並可供製程改進之依據。

1.6　限制理論

瓶　頸

我們在討論製程時常會提到**瓶頸** (Bottleneck)，它是製程中最跟不上生產節拍也就是**有效產能** (Effective capacity) 最小之環節（如：工作站、作業人員、作業等）。造成瓶頸的原因很多，例如：勞動力不足、原物料不能及時備齊、設備故障等都是。瓶頸不僅限制了製程的產出速度，也會影響到其他環節的生產速度。如何發現瓶頸、如何**去瓶頸** (Debottleneck) 始終受到人們高度關注，高德拉特 (Eliyahu M. Goldratt, 1947~2011) 是其中佼佼者，他對瓶頸提出下列觀點：

Q. 何謂瓶頸？高德拉特對瓶頸有何看法？

➡ 瓶頸一小時的損失是整個系統一小時的損失。

➡ 節省非瓶頸一小時僅得到一個幻覺（即花太多資源去解決非瓶頸的生產問題，並無實質意義）。

➡ 瓶頸決定生產系統中的產出量與存貨水準。

限制理論

TOC
├── 鼓：排程
├── 緩衝：存貨
└── 繩：同步生產

大約在上世紀的八〇年代，高德拉特又進一步發展出**限制理論**（Theory of constraint, TOC；中國大陸稱為**制約法**），限制理論也稱為**鼓－緩衝－繩法** (Drum-buffer-rope method)。鼓指的是排程，目標是使瓶頸資源得到最大的利用，緩衝指的是為避免瓶頸工作站閒置所備有之最少存貨，繩則是使生產線上之工作站能同步生產以避免閒置發生。

限制理論 (TOC) 將任何企業或組織都視為一個系統，這個系統可以想像成由一連串的環節所構成的大鏈條，每一

個部門都是這個鏈條中的一環並環環相扣，系統最弱的一環（注意：不是系統最強的一環），就決定了這個系統的強弱。每個系統都應該有個目標，任何阻礙系統達到目標的因素就稱為**限制**(Constraint)。限制可能是有形的，也可能是無形的，企業的限制一般可歸納如下：

Q. 限制理論中之「限制」指的是什麼？企業中有哪些限制？

1. 產能的限制：生產線上的瓶頸機器或工作站、材料不能如期供應、產品不良率偏高、工作站產能等。

2. 市場的限制：需求大小、市場規模、競爭程度等。

3. 時間的限制：如專案計畫的時間限制。

4. 人的限制：如公司政策、企業文化、作業程序、僵化之思考方式、管理技能不足、領導和授權不足、溝通、化解衝突與解決問題的能力等。

5. 政策的限制：不合時宜的政策、制度，無效率的作業製程等。

　　高德拉將認為任何系統至少存在著一個限制，否則它就可能無限地產出。「限制」決定了系統達到目標的速率，因此要提高系統的產出，就必須打破系統的限制，也惟有立即著手改善瓶頸（或限制），才可能在短期內顯著地提高系統的產出。

　　高德拉特認為突破限制大致有下列五部曲：

Q. 高德拉特突破限制之五部曲為何？

限制理論
├─ 改善指標
│　├─ 生產率
│　├─ 存貨
│　└─ 營運費用
└─ 最後目標
　　└─ 賺錢

1. 找出系統中瓶頸之所在。

2. 開發瓶頸資源。

3. 安排所有其他決策以配合步驟。

4. 提升瓶頸產能。

5. 防止慣性運作。

限制理論用生產率、存貨、營運費用來作為改善指標，而其最後目標只有一個—就是賺錢。

有興趣的讀者可以參考高德拉特所著之《關鍵鏈》（羅嘉穎譯，天下出版社，2002 年）。

Production and Operation Management

大師群像—高德拉特

高德拉特 (Eliyahu M. Goldratt, 1947~2011)，以色列物理學家、企業管理大師，「TOC 限制理論」的創造者。他第一部大著《目標》一出書就立即造成轟動，後又相繼出版了《絕不是靠運氣》、《關鍵鏈》等，這些書都是用小說的方式，說明如何以近乎常識的推理去解決複雜的管理問題，以上三本書都由臺灣天下翻譯問市。

我認為當一個理論與人們經驗、思考模式越契合，它就越容易被人們所接受。他的「任何情況乍看之下無論多麼複雜，都是極端簡單」，正是他能獨樹一格的原因，這也是本書 1.1 節一開始就揭示的 "Keep it simple，stupid." （笨蛋，問題在於簡單）。此外，他還有幾本有關限制理論的專著。高德拉特一生不斷地開發更容易被人理解也更容易去實踐的管理方法，他常到世界各地演說、宣傳他的管理理念，不僅如此他還在全球廣設「高德拉特機構」去推廣他的「TOC」（臺灣、香港、中國大陸都有分支機構），他曾輔導過的知名企業，計有：通用汽車、波音飛機、美國 ITT 等。

表 1-1 生產與作業管理演進的一些關鍵事件簿

時間	內容	代表人物
1776	分工	 亞當史密斯 (Adam Smith, 1723~1790)，在其著作《國富論》中就已觀察到分工可提高手工業生產效率。
1790	零件互換性 (Parts interchangable)	 輝特尼 (Eli Whitney, 1765~1825)，美國一位鄉間小學的老師，1792 年間發明「軋棉機」而著稱，其提出零件互換性並首先應用在毛瑟槍的生產上，首開了標準化的想法與實踐。
1911	科學管理原則 (The Principle of scientific management)	 泰　勒 (Frederick Winslow Taylor, 1856 ~ 1915)，美國著名管理學家，被後世稱為「科學管理之父」，其代表作為《科學管理原則》。

表 1-1 生產與作業管理演進的一些關鍵事件簿（續）

時間	內容	代表人物
1911	動作研究 工業心理學	 吉爾柏斯夫婦 (Frank Bunker Gilbreth, 1868~1924, Lillian Moller, 1878~1972)，吉爾伯斯 (Frank Gilbreth) 對於管理思想最大的貢獻就是「動作科學」研究，並著有《效率的十二原則》(The Twelve Principles of Efficiency)。吉爾伯斯夫婦藉由分析工人手部的動作，分解出十七項分解動作，稱為「動素」(Therbligs)；分析動素的目的是要找出一套「最佳方法」。
1912	甘特圖	 甘特 (Henry Laurence Gantt, 1861~1919)，師承泰勒的美國機械工程師和管理學家。他在 1910 年代發展出甘特圖，並以此聞名於世。甘特圖用於包括胡佛水壩和州際高速公路系統等大型計畫中，且迄今依然是專案管理的重要工具。首創學習曲線並提出員工參與等主張。此外他還率先提倡獎工制度。

學習地圖

甘特圖→ 2.2 節

表 1-1 生產與作業管理演進的一些關鍵事件簿（續）

時 間	內 容	代表人物
1913	生產流水線	福特 (Henry Ford, 1863~1947)，福特汽車公司的建立者，也是世界上第一位將生產線概念實際應用而獲得成功者，並以這種方式讓汽車在美國成為一項平民化的交通工具。這種新的生產方式使汽車成為一種大眾化產品，不但在工業生產方式上有了重大影響，對現代社會和文化也產生了巨大的影響。
1915	EOQ 模型	LW 哈理斯
1930	關於作業人員動機的霍桑試驗	
1925 ～ 1935	控制圖、抽樣檢驗等統計方法在品質管理中的應用	W・休哈特 (W.A.Shewhart, 1891~1967) 是現代品質管理的奠基者，美國工程師、統計學家、管理諮詢顧問，被人們尊稱為「統計品質管制 (SQC) 之父」。為之後道奇 (H. F. Dodge)、蒂皮特 (L.H.C. Tippett) 之研究奠定抽樣理論的理論基礎，二人都對抽樣與統計品質管制之統計方法有很大的貢獻。
1940	作業研究在戰爭上的運用	作業研究小組

🔲 表 1-1　生產與作業管理演進的一些關鍵事件簿（續）

時間	內容	代表人物
1947	線性規劃	 George B. Dantzig (1914~2005) 是美國的數學家，因發展出線性規劃之單體法 (Simplex method) 而著稱，他在數學規劃有極大貢獻，他也教授電腦科學與統計。
1950 ~ 1960	模擬技術、等候線理論、決策策理論、網路規劃技術、計算機軟硬體技術	－
1975	以製造戰略為重點	－
1980	JIT、TQC、CIM、FAS、CAM 等	－
1990	TQM、1S09000、BPM、ERP、SCM 等	－

生產的組織

本章學習重點

2.1 企業組織

1. 了解生產、行銷與財務是企業必須具備的三大基本功能外,其餘多屬輔助性功能

2. 了解三種最常見的部門劃分方式:職能別、產品別與地區別

3. 了解五大管理功能:規劃、組織、協調、領導與控制

4. 了解生產技術與製造技術

5. 生產部門與公司其他部門之關係

2.2 專案管理

1. 了解專案的意義及其與例行管理之異同處

2. 了解專案管理的啟用時機與終止

3. 專案管理的組織

4. 矩陣組織以及為何有些企業放棄了矩陣組織

5. 了解專案管理在時程之規劃及掌控上最常用的工具:甘特圖、PERT 與 CPM

6. 專案之關鍵成功要素

7. 成功的專案帶給公司之利益

2.1　企業組織

沒有人喜歡做個工作一成不變，只是聽命行事，不知道為何而忙的螺絲釘。

豐田做的事很簡單，就是給員工思考的空間，引導出他們的智慧。

員工奉獻寶貴的時間給公司，如果不妥善運用他們的智慧，才是浪費。

大野耐一

組織結構

談到生產組織前，應先了解企業之組織結構。

企業為了經營的目的，必須執行許許多多的活動，包括生產、財務、行銷、人事、工程、公共關係等，除生產作業、行銷與財務都是企業必須具備的三大基本功能外，還需一些輔助性功能。生產作業是公司創造核心產品或服務之營運活動，例如營造公司它的工程就是主要生產活動，又如公關公司之公關活動就是它的核心業務，但對石油公司而言，這些都是輔助性的業務，因為煉油、賣油才是它的主要營運活動，工程、公關的功能是要使它的核心營運活動更順暢、添增更多的附加價值（如設備之妥善率 (Availability) 提升，公司形象）。公司會對輔助性業務作選擇性的設置，未設置的業務可能以部門間之分工合作或**外包** (Outsourcing) 等方式解決。

企業會將它的營運活動，予以合理的分類並分派人員來進行專業分工，這就是所謂的**部門劃分** (Departmentalization)。**職能別**(Function)、**產品別**(Product)與**地區別**(Territory)是三種最常見的部門劃分方式：

1.　職能別

職能別是以職能為導向建構整個組織型式。

企業三大基本功能

因書本名稱而有所不同：

- 生產管理：生產、財務、行銷
- 生產作業管理：生產作業、財務、行銷
- 作業管理：作業、財務、行銷

（學習地圖）

妥善率→ 7.1 節

（學習地圖）

外包→ 8.1 節

　　職能別之組織結構的最大優點就是符合專業分工之原則，但往往會因分工過細，常會造成各部門間之本位主義和部門間之衝突。

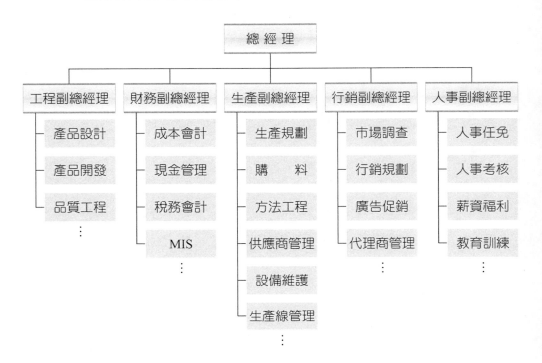

2. 產品別

　　產品別組織是以公司產品或產品線做為部門劃分之依據，以下是一個電腦公司之例子：

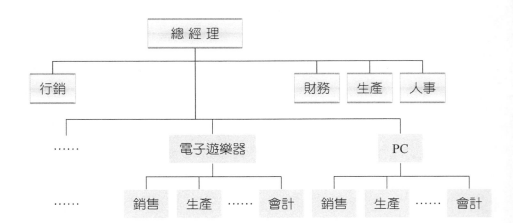

傳統之職能別組織無法因應產品或產品線之大量擴增，因此有些企業就有產品事業部的出現。每個產品群形成一個事業部，每個事業部裡有獨立的人事、會計、生產、行銷等部門，並設有其特定之營運目標，負有責任利潤，一事業部若需其他事業部支援，通常是用**轉撥計價** (Transfer pricing) 的方式作為成本與收益之計算基礎。因為事業部比公司總部更貼近消費者，因此企業可透過事業部在產品和服務的專業能力，強化競爭優勢。產品別組織的缺點在於各事業部之會計、人事、行銷等管理職重複地被配置，造成管理人力需求偏多，同時部分之產製活動重複，這些都會增加公司的營運成本。產品別組織也較易受限於自身營績效而有本位主義的傾向。

3. 地區別

地區別之組織架構與產品別大致相同，因此產品別與地區別組織之缺點大致相同，地區別之優點在於便於掌握地域性市場之行銷問題（諸如市場需求、消費特性、廠牌競爭等），行銷活動能因地制宜。此外還有顧客別的組織形式，因其架構、優缺點與地區別大致類似故不贅述。

變形蟲組織

在當今變化快、競爭激烈、個人化的消費型態的市場環境下，傳統之組織結構卻因層級過長而無法作出快速適當的因應對策。**變形蟲組織** (Amoeba organization) 是一種仿效變形蟲的特性所設計出來的組織型態，當外部環境改變時它能迅速調整組織結構與功能。變形蟲組織往往能激發員工的責任感、主動性與積極性。

管理功能

Q. 費堯之管理五大
功能為何？

管理功能

── 規劃
── 組織
── 協調
── 領導
── 控制

　　企業之每一個部門都有主管，他（她）的名銜可能是副總經理、也可能是廠長、處長或經理，不論名銜是什麼，他（她）的管理工作在性質上都脫離不了費堯 (Henri Fayol, 1841~1925) 五大管理功能：**規劃** (Planning)、**組織** (Organizing)、**協調** (Coordinating)、**領導**（Directing 或 Leading）與**控制** (Controlling)：

1. 規劃：擬訂組織目標以及符合企業目標之行動方針。

2. 組織：建立正式之管理部門，並協調各部門達成企業之共同目標。

3. 協調：甄選適當人才並以**在職訓練** (On-job training, OJT) 或**工作輪調** (Job rotation) 等方式來提升員工歷練。

4. 領導：指揮、激勵部屬來有效達成企業之任務。

5. 控制：比較執行結果與目標之差異程度來決定是否要採取必要之矯正措施。

生產技術與製造技術

製造活動二大技術
生產技術：工程
製造技術：管理

　　為了鋪陳我們以後要談的部分，首先要了解到製造業之產製活動必須緊緊握有兩種技術：一是生產技術，這主要是工程施作所要之工程設計、計算分析，它總不能脫離有關之工程法則，生產技術有時可以用商業方式取得，例如買斷技術、併購等等；一是製造技術，包括計畫之擬訂、採購及物料管理、勞動力之調度（包括下包商之管理）、生產排程、**現場管理** (Shop management, Shop floor management, Genba management) 等等。根據日本製造業的經驗，要大幅度降低

成本就必須從改善製造技術著手。因此臺灣之一些優質企業莫不對現場製造技術之提升投入最大心力。

現場作業

　　製造業常會聽到**現場**（日文げんば，讀作 Genba 或 Gemba）這個名詞。現場在日文特指是「產生附加價值的地方」，今井正明認為開發、生產、銷售都是可以賺取附加價值的企業活動，因此現場指的就是執行這三項活動之場所，狹義的現場是指製造產品或提供服務之場所，例如**工場**（Shop 或 Workshop；中國大陸稱為車間）、生產線、營業點等都是。

現場：產生附加價值的地方。

　　現場的工藝水準與管理能力直接決定了產品品質與生產成本，從而決定了產品之競爭力，因此現場生產與作業能力是製造業極其重要的一環。既然我們把現場界定為產生附加價值的場域，現場的各項作業理論上似乎應都可或多或少「擠出」一點附加價值，其實不然。豐田汽車公司將現場作業就其有無附加價值而概分成下列三個類型：

1. 純粹不必要的作業：現場有許多作業是完全沒有必要的，必須立即排除，二度搬運就是一個例子。

2. 無附加價值的作業：無附加價值的作業就是原本是**浪費**（日文むだ無駄；英文發音 Muda；相當於英文之 waste）但又不得不做的作業。這裡所謂的浪費，純粹是以作業時有無附加價值作為判斷的標準，例如步行到遠處領取零組件、填報許多內容重疊之工作報表等都是。因此在意義上和我們習慣認知的浪費大不同。

學習地圖

浪費→ 4.1 節

浪費：以有無附加價值作為判斷標準。

3. 有附加價值的作業：像加工、零組件裝配、噴漆等都是。

依據日本的經驗，現場人員每天的工作中屬真正有附加價值的比率並不高。為此現場主管會持續地對所管轄之人力與工作進行檢討：

1. **剔除** (Elimination)：檢討為什麼會有這項工作，如果沒有這項工作會對整個產製活動有什麼影響？若是沒影響就可考慮剔除這項工作。

2. **合併** (Combination)：如果這項工作不能剔除，接著就要問是否能與別項工作合併。

3. **重組** (Re-arrangement)：將合併後的工作重新組合以使製程合理化。

4. **簡化** (Simplification)：工作內容能簡化的就盡量簡化。

我們已對企業的組織架構與生產部門之工作內涵有了初步理解，現在我們要藉由一個虛擬的生產部門來說明其工作內容，以及與其他部門之業務關聯。

一個虛擬簡化的企業生產部門

假設 A 君是一家中型企業生產部門的經理，他下面有六個組，A 君和他們的任務是：

生產經理

➡ 依權責劃分規定，各組須由 A 君核定的案件。

➡ 參與公司高階主管會議、主持生產部門定期會議及其他臨時會議。

➡ 不定時地赴現場作**走動管理** (Management by walking around, MBWA)。

➡ 對生產部門內部不同意見之裁決。

走動管理的英文也可寫成：
Management by wandering around, MBWA

➡ 生產部門人事升遷與員工考核。

➡ 設定訂定生產部門之各組、**工廠** (Plant)、**工作站** (Work station) 之**關鍵績效指標** (Key performance index, KPI)。

行政組

➡ 文件收發與管理、文圖檔案編碼、管制與文檔稽催等。

➡ 生產部門之預算編製及各項請款作業。

➡ 生產部門績效評估與生產成本表報之編製。

➡ 生產部門之人事作業，考勤資訊之彙整與人事費用包括：薪資、加班費、差旅費、勞健保費等預算之編訂與請款。

設計組

➡ 執行產品之各項設計活動。

➡ 對新產品訂單規範或產品改善建議提出技術評估。

➡ 確認設計圖說符合合約或業主之要求。

➡ 產品**設計變更** (Design change) 之評估與作業。

➡ 對現場面臨之設計問題提出解釋、建議或修正。

品保組

➡ 依據合約或業主要求，擬訂**品質保證** (Quality assurance, QA) 計畫。

➡ 負責 QA 計畫的管理與監督。

➡ 執行現場品質稽核，必要時得提出**不良品校正紀錄** (Nonconformity record, NCR)，要求受查部門限期改善。

➡ 辦理各項品管活動，例如：現場的 5S 活動、良率改善等。

KPI 是一個很常見的名詞，KPI 雖有助於企業做重點管理，但它有一些陷阱，例如：

➡ KPI 強調數字之表達而無法表達品質。

➡ KPI 通常是由上而下制定，員工較無參與感。

➡ KPI 只能衡量短期績效。

KPI 會讓員工只對 KPI 評定項目作努力而忽視 KPI 以外之項目。

因此 KPI 必須與組織之願景相結合，在全員共識下訂立，否則極易流於形式。

學習地圖
QA → 9.1 節

學習地圖
5S → 4.3 節

採購組

➡ 根據生產組或設計組提出的**採購單** (Purchase order, P/O) 進行採購作業（含採購、催貨、檢驗、運輸、保險，以及報關等），並適時地向生產經理提出器材採購及工程發包進度狀況報告。

➡ **內製或外包** (Make or buy) 之評估。

➡ 供應商管理。

生產組

➡ 根據產銷會議擬訂各種生產規劃。

➡ **派工單** (Working order, W/O) 之發出

➡ 根據生產規劃之進料計畫，擬訂採購計畫，並適時地向採購組提**採購單** (Purchase order, P/O)。

➡ 督導並確認生產線之產出都能符合設計要求。

➡ 督導各生產線確保產品均能如期、如質、如數產出。

➡ 設計變更之提出。

➡ 生產異常之處理。

➡ 生產設備之例行保養與維修。

➡ 工作站之工安、環保計畫之擬訂與問題之處理。

➡ 生產各部門之製造成本差異分析。

以上是一個虛擬的生產組織。實際上，業務劃分會因公司而異。例如，一個採集中採購之公司，其生產部門的採購是由領班或工程師提出，經生產經理同意後交由獨立的採購部門辦理，如果採分散採購之公司，各單位的採購是由各單

【學習地圖】
內製或外包→ 8.3 節

【學習地圖】
供應商管理→ 8.1 節

【學習地圖】
產銷協調→ 3.4 節

位自行辦理，有的公司採混合式採購，即一定金額以上的採購案件由獨立的採購部門辦理，其他的採購案就由需求單位自行辦理。

有時組織會因政府法規規定而有不同之編排，例如：按行政院金融監督管理委員會證期局頒布之「公開發行公司建立內部控制制度處理準則」第 11 條規定，設置隸屬董事會之稽核室，若非公開發行公司則其稽核室可置於總經理管轄。

生產部門與公司其他部門之關係

生產部門有許多業務必須與其他部門分工合作才能完成，在此我們可以「想像」生產部門與其他部門間的業務關係：

➡ 會計部門：請款審核、成本分析、績效報告等。

➡ 財務部門：資金籌措、付款、設備、物料保險等。

➡ 人事部門：人員進用與獎懲、激勵、福利、人員考核、人員保險等。

➡ 法務部門：契約審核、履約爭議等。

➡ 工程部門：公用及生產設備之構建與維修保養等。

對一些製造業而言，這些項目可能有一部分是透過外包方式來解決。

管理典故－鯰魚效應

　　沙丁魚是一種活動性不大而且生性膽小的魚類，捕獲的沙丁魚到碼頭不是死了就是奄奄一息。在挪威，活的沙丁魚比死的貴了好幾倍，因此挪威人為如何提高到碼頭的沙丁魚存活率而絞盡腦汁。後來有人發現，如果將一條肉食性的鯰魚放入魚槽後，沙丁魚便會不由自主地緊張而快速來回游動，於是沙丁魚到港存活率便會大增，這就是所謂的「**鯰魚效應**」(Catfish effect)。

　　本田先生受到鯰魚故事的啟發，他看到銷售部經理的觀念過於守舊而不利企業成長，於是從別的公司挖角武太郎來做「鯰魚」。武太郎的學驗、毅力和工作熱情，激發了銷售部全體員工的工作熱情使得業績直線上升。從此以後，本田公司每年會外聘一些精練的生力軍到公司來充作「鯰魚」，有時「鯰魚」的層級甚至高到公司的常務董事。希望能藉由「鯰魚」的活力與工作熱情來喚起「沙丁魚」們的生存意識和競爭求勝之心。

　　但是無可諱言的是，這些從外部引進的「鯰魚」會影響一些人的升遷而引起原有成員的不滿，因此「鯰魚」的數量與職務的調整上要把握好，這些都考驗高階主管的智慧。

2.2　專案管理

要讓工作更順利，就應把精神投入重要的事。

Stephen Covey

專案是什麼

專案（Project；中國大陸稱為項目）是集中**跨部門** (Cross-section) 的一群特定人員，以全時或部分時的方式參與（企業內部無合適的專業人才時，也可能以定期契約的方式從外部招聘適當的人才或透過顧問公司從旁協助）、在特定時期（專案有一個明確的起訖時點）、預算及規範下，進行某一特定任務，這個任務可能是有形的，例如建廠或開發某項新產品，也可能是無形的，例如導入一個新的制度或為解決一項公司經營危機。專案成案後，就應該避免大幅度地變更專案的範圍，否則將增加專案成本、延宕專案完成時間，甚至導致專案任務失敗。專業管理者稱改變專案範圍為**範圍緩移** (Scope creep)。

Q. 何謂專案？專案與例行業務有何異同處？

專案與例行業務有相當多的共通之處，例如都要靠人來完成、都受圍於有限資源、都必須進行管理程序等，其間的差別在於：例行性業務具有**持續性** (Ongoing) 與重複性，而專案業務較偏重**暫時性** (Temporary) 與獨特性。因此**專案管理學會** (Project Management Institute, PMI) 定義專案是一種以暫時性的努力去創造出一項獨一無二的產品或服務 (A project is a temporary endeavor undertaking to create a unique product or service.)。有些企業以專案管理的原則來進行例行性業務，則稱這種管理方式是**以專案來管理** (Management by project)。

例行業務與專案之差異
例行管理：持續性、重複性
專案：暫時性、獨特性

專案管理的啓用時機與終止

Q. 企業在什麼時候會用專案管理？

企業面臨下列情況時往往會考慮採用專案管理：

➡ 大型或複雜度高的任務。

➡ 非例行性的任務。

➡ 傳統職能別組織無法達成的任務。

➡ 攸關企業存續的任務。

➡ 改變企業文化現有作業慣性之管理制度（如引入 JIT）。

Q. 專案在什麼時候會被終止？

下列的情況專案通常會被終止：

➡ 專案任務完成。

➡ 專案失敗：經市場、風險性或技術可行性評估後認為任務不可行或目標顯然無法達成，或沒有必要繼續完成時，專案自然會被取消。

➡ 政策因素：政府法規、市場狀況或企業政策改變時有可能會迫使專案終止。例如：優惠獎勵條例取消使得原本有利的專案產品或服務變成無利。

專案組織

專案之組織形成會因專案規模大小而異，小型的專案也許用**小組 (Team)** 或**工作特別小組 (Task-force team)** 即可勝任，大型的專案可能要藉助於**矩陣組織 (Matrix organization)**。每個專案都有一位**專案經理**（Project manager；中國大陸稱為項目經理），他（她）同時扮演著**協調者 (Coordinator)** 與**促進者 (Expediter)** 的雙重角色，他（她）要向與任務有關的經理部門爭取人力、技術、預算等

之支援，同時他（她）也要有領導、溝通協調、談判及解決問題的能力以確保專案任務能如期、如質、如預算地完成。

矩陣組織

矩陣組織在上世紀七〇年代曾經一度風行，杜邦 (DuPont)、波音 (Boeing)、德州儀器 (Texas Instruments) 等大企業都曾引用過，但因為下列原因使得他們最後不得不放棄：

➡ 矩陣組織的成員同時受到專案經理與職能部門主管之雙重節制，不符合管理指揮統一之原則，當專案經理與職能經理意見不一時，會使參與專案的人員無所適從，同時專案成員會因職能部門主管掌握他們升遷或考績的考量下，不得不遷就職能部門經理之意見，而對專案任務陽奉陰違，這對兼職參與之人員尤為明顯。

➡ 矩陣組織需靠協調、**群體決策** (Group decision)，其間難免會因成員原屬之職能部門之本位主義而使得專案之效率越顯不彰，這就是所謂的**群體症候症** (Groupoid)。

➡ 公司的資源（如：人力、資金、設備產能等）是有限的，如果公司內同時進行著數個專案，專案經理為自己贏得較高的績效，自然而然會設法爭取更多的資源，造成公司資源被不當排擠而損及公司整體的績效。

Q. 何謂矩陣組織？請用舉例繪圖方式說明之。它的缺點可能有哪些？

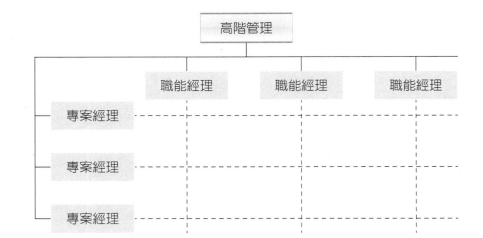

▶圖 2-1

矩陣組織之示意圖

專案的生命週期

一個專案自開始至結束，大致有以下階段：

1. 開始階段：專案開始時，首先要定義專案，包括：了解專案需求、確定目標，確定**專案範疇** (Scope of the project)、專案成員之募集並綜合專案成本、專案時間、資源需求、技術能力、風險性等結果以進行**可行性評估**（Feasibility assessment 或 Feasibility evaluation）。

2. 規劃階段：在規劃階段，要進行**工作分解結構** (Work breakdown structure, WBS)、**網狀圖** (Network)、時程進度表等未來專案執行細節。

（學習地圖）

WBS、網狀圖→
本節末

3. 執行期間：在執行期間要辦理專案績效評估、風險控制、成本控制、排程控制、採取矯正行動等。

4. 結案階段：專案結束前要完成績效報告、正式驗收、歸檔記錄，以做為專案經驗之傳承與學習等。

專案的重要作業

幾乎所有專案都要進行 WBS 與時程管控,因此就這兩部分說明之:

工作分解結構 (WBS)

WBS 是專案管理基本技巧之一,它要滿足「**周延,互斥**」(Mutually exclusive, collectively exhaustive, MECE) 兩個大原則,同時針對專案目標的**結果** (Outcome) 由上而下逐層分解,直到**活動** (Activities) 階層為止,「活動」是專案管理的最小工作單位。如此便可建構出一個專案範疇。WBS 之每一個分解都要有專業知識作邏輯支撐,至於要細分到什麼程度就看專案控管的需要而定。

除了專案管理外,WBS 還常出現在工程成本分析、風險分析、可靠度工程分析等領域上。

Q. 請舉個例子說明 WBS。

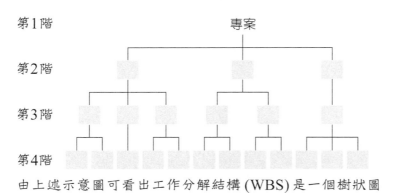

由上述示意圖可看出工作分解結構 (WBS) 是一個樹狀圖

▶**圖 2-2**

工作分解結構 (WBS) 之示意圖

專案排程

專案有一定的時效性，因此時程之掌控是很重要的，專案排程是有**階層性的** (Hierarchical)，由專案主排程而專案整體排程最後細部排程，按部就班逐一編成。

1. **專案主排程** (Project master schedule)：專案主排程包含各重要工項之排程與**里程碑** (Milestone)。

2. **專案整體排程** (Project overall schedule)：專案整體排程是根據專案主排程進行細部設計、採購及建造等時程表，依實際工作逐層往下展開，供排程規劃、預算編列及人力資源調配之用。

3. **細部排程** (Detail schedule)：細部排程是將專案整體排程再加以細分。細部排程大多以短期性的活動為主，可供作業人員管制進度。

專案管理時程規劃及掌控上常用的工具

1. 甘特圖

   甘特圖 (Gantt chart) 又稱**條線圖** (Bar chart)，是甘特 (Henry L.Gantt, 1861~1919) 在 1910 年所開發的一種用**橫條圖** (Bar chart) 展現主要工項進度之排程表。甘特圖可用方格紙或 Microsoft Project、Excel 等應用軟體建構出來，由圖可看出是否有工項落後或超前，這有助專案成員對那些工項要增加多大的管理力道或挹注多大的資源等。缺點是無法看出工項間的邏輯或工序關係。甘特圖因簡單方便，常見於工項不太複雜的專案計畫之進度管制。

   例：設某專案包含 5 個任務 A、B、C、D、E，它們的甘特圖如下：

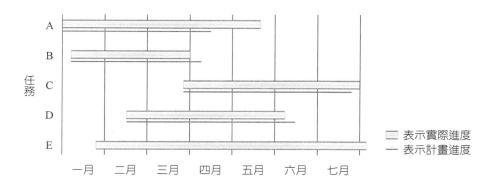

▶圖 **2-3**

甘特圖示意圖

表示實際進度
表示計畫進度

由上圖可知，任務 A、B、C、D 均是如期開工，其中任務 A、C 是**超前完工** (Ahead of schedule)，任務 B、D 是**落後完工** (Behind time)。而任務 E 是延後開工，但**如期完工** (On schedule)。

2. 計畫評核術與要徑法(註)

計畫評核術 (Program evaluation and review technique, PERT) 與**要徑法** (Critical Path Method, CPM) 是當今專業管理最重要的兩種**排程模式** (Scheduling model)。但現今因兩者間之差異已大幅縮小，為了便於討論而合稱 PERT/CPM。PERT/CPM 是用**網路圖** (Network diagram) 來呈現的，因此 PERT/CPM 在製作上，首先要將專案中的作業定義清楚，然後進行 WBS，接著預備去繪製網路圖。

在繪製網路圖先要確定活動之**先行關係** (Precedence relationship)，活動 A 完成後，才能進行活動 B，那麼我們稱 A 是 B 之先行關係，活動 A、B 之先行關係可由箭線表達出來，一旦完成專案所有活動之先行關係，我們便可正式繪製網路圖。網路圖是由一群**節點**（Nodes：以 "○" 表示）、箭線（Arrow：以 "→" 表示）與**虛箭線**（Dummy arrow：以 "···▸" 表示）組成。在網路中若有多個行動都沒有先行

註

若時間不足可略之，不會影響後續之研讀。各位在未來實作時，有軟體可用，這些軟體交談式功能，故極具親和性，對有興趣深研的讀者可參考作業研究 (Operation research) 之書籍。

網路圖
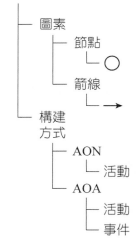

活動那麼我們在這些活動前加一個虛擬的活動稱它為起始活動，同樣地，若有多個行動都沒有後續活動，那麼我們在這些活動後加一個虛擬的活動稱它為結束活動。有兩種方式去構建網路圖：

(1) **活動在節點法** (Activity on node, AON)：顧名思義，AON 模式之節點代表活動，箭線代表活動順序。要注意的是，AON 模式之起始點 S 只是為了表示網路圖之始點，不是活動，可把它視為一個例外。

(2) **活動在箭線法** (Activity on arrow, AOA)：顧名思義，AOA 模式之箭線代表活動，節點是**事件** (Event)，它代表活動的開始或結束。

　　活動與事件是兩個容易混淆的名詞，簡單地說，不論 AOA 模式還是 AON 模式，活動都會耗用時間或資源，而事件只出現在 AOA 模式，它只是時間點，不會耗用時間或資源。

　　AON 較易理解而且便於繪圖，因此 CPM 或 PERT 就是根據 AON 模式來繪製。

AON	AOA	說明
ⓐ → ⓑ → ⓒ	○ —a→ ○ —b→ ○ —c→ ○	完成活動 a 後再進行活動 b，b 完成後再進行活動 c
ⓐ ⓑ → ⓒ	○ —a→ ○ —c→ ○（b）	活動 c 以活動 a 與活動 b 為先行活動
ⓐ → ⓑ → ⓒ ⓓ	○ —a→ ○ —b→ ○ —c→ ○ / —d→ ○	活動 a 完成後接續活動 b，活動 b 完成同時接續活動 c、d

AON	AOA	說明
ⓐ ⟶ ⓑ ⓒ ⟶ ⓓ	◯ —a→ ◯ —b→ ◯ ⋮ ◯ —c→ ◯ —d→ ◯	這是二個平行作業： 活動 a 完成後接續活動 b 活動 c 完成後接續活動 d ⋯▶表虛擬活動

由網路圖可估計完成專案所需之時間。PERT 與 CPM，在時間估計上是有所不同的：

(1) 要徑

要徑 (Critical path) 與**總寬裕** (Total slack) 有關。總寬裕也稱為**總浮時** (Total float time)，它是指不會增加專案完成總時間的情況下，活動 a_i 可以延遲的時間。讀者應注意的是總寬裕只是針對一個活動而言。當活動 a_i 之總寬裕為 0 時，我們稱這活動為要徑活動，它表示活動 a_i 沒有延遲的空間，一旦延遲，勢必要延長專案總時程，因此要徑是網路圖上所有路徑中之最長者。

每個活動都有一個總寬裕。

我們將要徑之性質摘述如下：

➡ 要徑上之作業，其總寬裕皆為零。

➡ 要徑代表網路圖上所有路徑中之最長者，換言之，要徑支配整個工期。因此要縮短工期時必須從要徑著手；較小之所謂次要徑亦須予以密切關注。

➡ 要徑可能不只一條，非要徑作業也有變成為要徑之可能。

在實務上，一個專案所涵蓋之活動經常上千萬，要用手算活動 a_i 之總浮時或求出網路之要徑幾乎不可能，這些都有專案管理應用軟體代勞，讀者只需有個基本概念即可。

要徑分析的功能

透過要徑分析，我們可以知道如果一切按照計畫進行，哪些活動決定了專案的完成時間，以及哪些活動是拖延不得的，需要較多的管理力道，這些資訊可以幫助我們更有效地分配資源，將有剩餘時間的活動抽調資源到關鍵活動上，好讓原本落後的活動趕上進度，以減少專案落後的風險。

專案管理者還可從要徑決定逾期時是否須進行**趕工 (Crash)**，趕工在專案是常見的事，我們將在**成本－時間的取捨 (Time/cost trade-off)** 分析中作進一步說明。

(2) 計畫評核術

PERT 之作業時間是假設服從 beta 分配之**隨機變數** (Random variable)。

實務上專案之作業時間常會受到許多不可預期之因素的影響，因此 PERT 假設作業時間是**不確定 (Uncertainty)**，這與 CPM 的作業時間是單一固定數值不同。在 PERT 模式下，各項工作時間是各該作業之**樂觀時間**（Optimistic time，亦稱最短時間）、**最可能的時間**（Most likely time，亦稱**正常時間 (Normal time)**）和**悲觀時間**（Pessimistic time，亦稱最長時間）的**加權平均數 (Weighted average)**：

$$t_i = \frac{a_i + 4c_i + b_i}{6}$$

式中：t_i 為第 i 項作業的時間；a_i 為第 i 項作業的樂觀時間；b_i 為第 i 項作業悲觀估計時間；c_i 為第 i 項作業最可能時間。

此外第 i 項作業時間的**變異數 (Variance)** σ_i^2 為

$$\sigma_i^2 = \left(\frac{b_i - a_i}{6}\right)^2$$

有了作業時間之期望值、**標準差**（Standard deviation，變異數的正平方根）便可對專案排程進行風險評估。實務上，管理者在作業時間的預估上多少帶有主觀的成分，不同的執行者在作業時間的預估上是會有所差異。

標準差

母體：$\sigma = \sqrt{\dfrac{\sum\limits_{i=1}^{N}(x_i - \mu)^2}{N}}$

樣本：$s = \sqrt{\dfrac{\sum\limits_{i=1}^{n}(x_i - \bar{x})^2}{n-1}}$

趕工：成本—時間的取捨分析

專案在當初規劃時所做之時間與預算原本是在人力、設備、財力等條件都處於正常狀態下編列出來的，但在執行過程中會因爭取提前完工以獲得一筆激勵獎金，或避免因延宕而被罰逾期金等。而會考慮趕工。趕工勢必要增加勞動成本，每一階段趕工所可縮短之日數及衍生之成本不盡相同，因此專案經理必須想想因趕工縮短之時間與所付之代價是否值得，也就是趕工所獲致之收益是否大於趕工之成本？這就是專案管理的成本－時間取捨問題。

Q. 用你自己的話說明什麼是專案管理之成本—時間的取捨。

專案的結案

專案結案前會以是否逾期、整個耗費是否超過預算、成果是否符合當初的目的等來綜合評估專案的績效。

專案管理之結案報告

專案接近尾聲前，專案經理會與小組成員、相關單位、供應商進行議，一旦有結案共識後，便可宣告專案結案，同時通常會備有一份結案報告。

成本　排程　績效
（預算）

專案績效

Production and Operation Management

結案報告內容

　　大致來說，專案報告是專案的一個歷史紀錄，內容包含：

- 摘要及執行經過之大事紀要
- 專案最後執行成效（品質、時間、成本）
- 行政管理之檢討與表現
- 企業結構、成員、執掌及重要工作績效
- 執行專案所運用的技術與資源
- 重要資料、圖表及研究報告
- 預算執行成果及差異分析
- 未來需繼續執行之後續工作
- 經驗學習
- 結果與建議

專案之關鍵成功要素

Q. 列舉專案管理成功之關鍵要素 8 項。

專案提倡者：提出專案並支持專案的一群人。

　　專案未必都會成功，根據研究，考察程一個專案的**關鍵成功要素** (KSF) 可歸結如下：

➡ **專案提倡者** (Project champion) 的支持、溝通與鼓勵。

➡ 專案的任務與目標都很清楚、明確，而且獲得**高階主管** (Chief executive officer, CEO) 之支持。

➡ 專案成果能被最終使用者接受，或至少大部分能被採用。

➡ 專案小組能獲得專案成功所必須具備之資源。

➡ 每一個成員均能適才適所且溝通暢通。

➡ 專案小組有取得任務所需要之技術或專業知識之適當管道。

➡ 作業排程妥善規劃,且專案之每一個階段都有控管機制。

➡ 專案經理人及其團隊有解決突發性問題之能力。

成功的專案之利益

成功的專案確可為公司帶來一些好處,例如:

➡ 專案之成員對公司的政策、管理與作業規則、企業文化、價值觀都有相當的理解與共識,因此未來對任務之特殊需求、作業環境之變化或順應顧客期望等都能做出較為快速之反應。

➡ 可培養員工對突發事件之應變能力。

➡ 成功專案的決策過程可提升專案成員之成就感。

➡ 專案成員在專案期間的經歷與情誼,有助於他們日後工作之溝通、默契與合作,同時專案人員在專案期間不論在專業知識、溝通、協調等方面都能得以成長,即便歸建後對自身業務也有幫助,爾後類似之專案即可調任,這對公司人事調派上極為方便。

Q. 成功專案對公司有哪些好處?請列舉 5 個。

《某公司為贏取一個大型標案之事前籌畫專案的例子》

業務部門取得參與供應某項產品的**邀標書** (Invitation to bid, ITB)，公司對此極有興趣，總經理要求業務經理邀集業務、生產、法務、企劃以及會計五個部門成立報價專案小組，由業務經理任專案經理，對接單進行評估：

生產部門：根據業務部門的合約量評估對產能的影響，尤其是否會影響到另一大筆訂單？若因小失大反而不利，若要接單，就估算生產成本。

設計部門：是否涉及哪些特殊之產品規範或法規，器材供應有無限定？供應商、材料規範，或規格有無限制？

法務部門：確認業主在合約條款上有無特別需求、規定或限制之專案或條款，業主有無自我優先以及過度保護，造成合約條款缺乏公平性。

會計部門：對生產部門提供之成本資料，包括：直接成本（如：直接人工成本、直接材料、設備等）、間接成本（如：管理人員、辦公室費用、差旅、郵電、稅捐、消耗性材料等）、營業成本做成會計報告。

企劃部門：檢討各項估價基準之合理性與風險性進行評估。

業務部門：該產品之市場有哪些競爭者、他們的價格、以及業主訪談所得之意見等。

若評估可行，由業務經理依 ITB 之報價截止日期往前推算排程，訂定各項作業的時間，包括須澄清事項、數量計算、成本估算、報價審查、報價書編寫等作業。

預測、決策與生產規劃

本章學習重點

3.1　預測

1. 了解預測的意義
2. 了解依預測跨度的預測分類及其預測重點
3. 了解預測的方法
4. 了解 PMI 是什麼
5. 了解預測的步驟
6. 了解預測的困難性與陷阱

3.2　決策

1. 了解決策的意義及生產部門所面臨的決策面向
2. 了解決策之步驟
3. 了解人們決策未臻理想的原因
4. 了解群體決策的意義及其盲點

3.3　產能規劃

1. 了解什麼是產能（Capacity）及其分類
2. 了解影響產能的可能因素
3. 公司階層生產部門之產能策略

4. 產能緩衝的意義及公司保留適當的產能緩衝之目的
5. 製造業的產能規劃應考慮到的面向
6. 企業進行產能規劃時所採的步驟

3.4　生產規劃

1. 產銷協調之目的與範疇
2. 生產規劃所採用之策略
3. 生產規劃依規劃跨度長短之分類及其大要
4. 整體規劃之意義、目標、投入與產出
5. 主排程之意義、目標、投入與產出
6. 主生產排程之意義、重要性、投入、產出與動態
7. 主生產排程編製原則及其技巧
8. 粗估產能規劃的意義
9. 途程規劃的目的及考慮的因素

3.1　預測

預測未來是自找苦吃，沒有預測這回事。
打理手頭上已經擁有，而且能創造應該創造的未來，才是最該做的事。

彼得 • 杜拉克 (Peter F. Drucker)

　　生產規劃是生產活動之指引，生產活動必須與未來市場
需求相結合，因此本章就從預測談起。

預測意義

　　預測 (Forecast) 是用過去經營成果的軌跡投射到未來，
以對未來趨勢有一了解。因此企業裡有各種預測以供規劃或
決策之用，一些小企業的老闆根據以往的經驗或手邊的訂單
就可約略作出預測。中大型企業之事業部門多會有其事業預
測，例如：財務部門有現金流量預測，人力資源部門有十年
人力需求預測，行銷部門有**銷售預測** (Sales forecast)、研究
發展部門有**技藝預測** (Technological forecast) 等等，其中銷
售預測與技藝預測對生產部門最為重要，因為銷售預測之產
品的未來需求水準，可做為生產規劃之依據；技藝預測所描
述之技術或產品未來的走向，可對設備、**產品組合** (Product
mix) 等預為規劃。

預測的分類

　　依**預測跨度** (Forecasting horizon) 之長短，預測可分成
短期預測 (Short range forecasting)、**中期預測** (Medium range
forecasting) 及**長期預測** (Long range forecasting) 三種：

Janus 頭像

Janus 是希臘神祇中
的兩面神，祂一張臉
看著過去，另一張臉
卻看著未來，這與我
們討論的預測在意義
上頗為傳神。

Q. 何謂預測？企業
為什麼要進行預
測？

1. **短期預測**：短期預測之時間跨度只有幾個月甚至幾天。它通常用於預測上述時間跨度之產量或需求量、勞動力水準或生產水準。短期預測在準確度上之要求比較高，同時對近期內之形勢、尤其特殊事件應有具體而詳細之說明。

【學習地圖】

產品生命週期→ 5.1
節

2. **中期預測**：中期預測的時間跨度通常是 3 個月到 1 年，常用於銷售預測、生產規劃和現金預算等。

3. **長期預測**：長期預測的時間跨度通常在 1 年以上，常用於**技藝預測**、**產品生命週期** (PLC) 預測等。長期預測因預測時間甚長，影響預測的因素甚多，其中有許多非企業所能掌控，因此長期預測的重點在於對未來趨勢或前景有一個概略性的刻劃，至於精確度並非絕對重要。

預測的方法

預測方法大致有**定量法** (Quantitative methods)、**定性法** (Qualitative methods) 與直接採用別人研究資料三大類，分述如下：

定量法

定量法有**時間序列分析** (Time series analysis)、**因果法** (Causal method) 兩大基本類型：

1. 時間序列分析是將歷史資料分解出長期趨勢、季節、週期與不規則因素等，然後利用這些分解出來的結果來做預測。**指數平滑法** (Exponential smooth method) 為時間序列分析之一種，時間序列分析後又衍生出 X11、ARIMA、ARIMAT 等預測模式。

2. 因果法是將與預測標的與某些有關之因子而建立之統計模型。**迴歸方法** (Regression method)、**計量經濟模型** (Econometric models) 等都是因果法常用的預測模式。這類預測結合了數據與統計方法，因此可用來支撐生產規劃或決策的客觀性。

定量方法在應用時通常需要備有一些統計專用軟體，如 SPSS、SAS 等。時間序列分析、迴歸方法或計量經濟模型都有其假設條件，因此應用時要考慮預測模式之假設條件是否合理。時間序列分析與因果法因涉及艱澀之統計方法，臺灣一般企業尤其中小企業較少用。

定性法

如果我們對預測結果只要知道大致趨勢而不需要精確估算，或預測標的不確定性高，以致無法應用定量法預測時，便可考慮使用定性法，例如：**專家判斷** (Expert judgment)、**德菲法** (Delphi method)、**情境分析** (Scenario analysis)、小組討論法等。在此只就德菲法作一簡單的說明。

德菲法在本質上是一種專家調查法，它是主辦單位利用**問卷調查** (Questionnaire) 以匿名通信的方式，請被調查者反復地獨立作答，如果意見的差距過大，主辦單位會將比較集中的意見給所有作答者參考並請他們重新作答，直到主辦單位認為已經達到或接近到一致結論為止。

Q. 何謂德菲法？其過程大概為何？

國內有行政院主計處、行政院經建會及中華經濟研究院等單位進行同樣的經濟成長率預測，結果：主計處預估 99 年全年達 4.72%；行政院經建會預估經濟成長率 4.8%，為什麼會有如此差異？

行政院主計處經濟成長率預測是根據國內外最新經濟情勢及經濟計量模型推估，按季發布，俾供政府制定年度施行方針、調節中短期財經施政、民間學術研究與企業經營決策參考。行政院經建會於每年年底針對次年度國家建設而設定之經建計畫之理想目標，經建目標值一般並不隨情勢變化而修正其性質與功能與行政院主計處之估測不同。

直接採用別人的研究資料

企業常常直接引用其他機構或學術團體公布的資料或研究結果，但採用別人的資料時首先要了解別人研究之動機（目的）、報告中所用的定義是否契合我們需要，否則會造成結論偏差甚或無實質意義。

Production and Operation Management

《管理小典故》

報章雜誌、電視之財經節目、企業會議或業務報告中常看到**採購經理人指數** (Purchasing managers index, PMI)。它是由**供應管理協會** (The Institute for Supply Management) 就**生產** (Production)、**新訂單** (New orders)、存貨 (Inventories)、就業 (Employment)、**商品價格** (Price)、**供應商配送** (Supplier Deliveries)；**新出口訂單** (New export orders) 及進口 (Import) 等問項，以勾選的方式就增加、減少、不變之 3 個選項，用問卷調查方式所做之商業調查報告。

PMI 透露出相當多有用的資訊，例如：「新訂單」可預知未來工廠訂單與工業生產的走向，「商品價格」可供預測未來**生產者物價指數** (Producer price index, PPI)。PPI 提供了衡量生產者在生產過程中之原料、WIP 和**最終產品** (Final goods) 等三個生產階段的物價資訊，並將反映到最終產品的價格上。由「就業」可預測未來製造業勞動力供需情況。PMI 相當有即時性，且這些問項具有製造業景氣領先指標的特性，因此甚受到企業青睞。當 PMI 超過 50 時，代表製造業擴張，低於 50，就表示製造業景氣趨緩，因此 50 就是景氣榮枯分界線到了 42.4 則被視為製造業陷入衰退的臨界值。

2005 年由中國大陸國家統計局發布了「大陸採購經理人指數」，它也是快速即時反映大陸市場動態的先行指標。

預測的步驟

企業通常按以下的步驟進行預測：

1. **確定預測的目的**：由預測的目的決定短期、中期、還是長期預測，選擇相關的自變數與因變數。

2. **蒐集資料**：蒐集預測所需的資料，確認這些資料的準確性和穩定性。

3. **驗證預測模型**：有了預測所需的資料後要確認我們選擇的預測模型。

4. **進行預測**：選擇適當的預測模型進行預測並作出結論。預測時適當的預測軟體是必要的，像 SPSS、SAS 等都是常用的電腦軟體。就統計而言，公司一次性地預測整體需求，比預測個別產品之預測值然後加總來得精準，因此先對物料需求、產品或服務彙總預測後再將預測結果分攤到個別項目上。

5. **評估預測結果**：預測結果與實際必有出入，但其差距必須是在可接受的範圍內，否則將對預測方法、數據進行檢討、修正。

6. **將預測結果付諸執行**：預測後就要根據這些預測結果去做相關規劃，如行銷部門根據銷售預售來擬訂行銷規劃，生產部門擬訂生產規劃和排程。

Q. 說明預測之步驟。

表 3-1 預測方法與預測能力對照表

方法 預測能力／應用	預測方法			
	移動 平均法	指數 平滑法	趨勢線	迴歸模式
預測能力 短期（0~3月）	差→好	好→很好	很好	好→很好
中期（3月~2年）	差	差→好	好	好→很好
長期（2年以上）	很差	很差	好	差
轉點認定	差	差	差	很好
應　用	存貨控制	生產預測 存貨預測 財務預測	新產品預測，尤其是新產品中長期預測	產品預測

參考資料：Chambers, J. C., S. K. Mullick and P. D. Smith. "How to Choose the Right Forecasting Technigues." Harvard Business Review. July-Aug 1971.

預測困難性與陷阱

　　同一預測標的，不同的預測模型所得之結果往往會有相當大的差異，預測模型即便有很好的統計解釋能力，也未必保證一定會有差強人意的預測結果。每個趨勢下都蘊含著某些「反趨勢」(Countertrend)，因此預測者必須隨時警惕到未來絕非理所當然是由過去的任何形式之延伸。這些「反趨勢」有相當程度非企業所能控制或預知的，例如，外銷產品受到輸入國突然頒布之規範、突發之金融危機、巨大天然災害或戰爭等，因此長期預測之**轉捩點** (Turning point) 人們仍無法精準地預測出來，這些都是預測常見的事。2019 年之美中貿易大戰，2020 年接連而來的新冠肺炎，不啻是經濟上之最大的**黑天鵝** (Black swan)，跌破多少經濟大師的眼鏡。因此曾有學者戲謔地形容預測就好像一位乘客坐在後座，看著後方走過的路去指揮駕駛怎麼向前走。

　　預測結果常被擴大誤解或斷章取義。摩爾定律 (Moore law) 就是一個例子。「摩爾定律」原本是英特爾 (Intel) 創辦人戈登摩爾 (Gordon Moore, 1929~) 在 1965 年根據矽晶片裡電晶體數量的變化，預測電晶體的數目每兩年倍增，後來減為每 18 個月增加一倍。其實摩爾定律原來預測的標的僅是指晶片上之電晶體的數量，現在常聽到的一些如「根據摩爾定律，計算能力每 18 個月以倍數成長」之類的敘述，是否得宜確有商榷之處。

　　專家所作之預測與事後結果南轅北轍也是很多：IBM 前董事長 Thomas J.Watson 曾於 1943 年悲觀的估計，全球只有 5 臺電腦的市場，但今日電腦尤其個人電腦的普及實始料所未及。Lord Kelvin, Royal Society 董事長曾預言比空氣重的飛行器是不可行的，像這種專家預測錯誤屢見不鮮而且仍持續發生，尤其是經濟預測，因為影響的因素很多，許多是屬突發性之政治事件，以至於就算是世界級的經濟大師恐怕也不敢為自己的預測做保證。

Production and Operation Management

《管理小典故》

　　因為歐洲的天鵝都是白色的，所以歐洲人一直相信所有天鵝都是白色的。直到十八世紀歐洲人到澳洲看到當地的天鵝是黑色以後，才扭轉這個成見。**「黑天鵝效應」**(Black swan effect) 描述以前被認為一直有效、賴以判斷的準則，竟然錯誤；而「現在事件」發生之因素並不等於「未來事件」之發生因素。後來「黑天鵝」引申為：

1. 過去的經驗無法讓人相信有「黑天鵝」，而黑天鵝的出現大大超出人們預期範圍，造成人們在觀念上與方法上極大的衝擊。

2. 一旦「黑天鵝」出現之後，人們會本然地「創造」合理化的解釋，讓這件事成為可解釋或可預測。

總之，黑天鵝效應具三大特性：不可預測性；衝擊力強大；一旦發生之後，我們會編造出某種解釋，使它看起來不如實際上那麼隨機，而且更易於預測，也就是後見之明。由黑天鵝又演變出綠天鵝 (Green swan)，這是指氣候變遷造成全球性之金融危機，因此它又稱為「氣候黑天鵝」(Climate black swan)。另外，又有灰天鵝 (Gray swan)，它的意思跟黑天鵝很近，但發生之機率較低，像 2019 年起美中貿易之戰就是灰天鵝的例子。

3.2 決策

「五隻青蛙坐在圓木上，其中四隻決定要跳走，那麼圓木上還剩下幾隻青蛙？
答案是五隻。為什麼？因為『決定』和『執行』是兩回事。」

美國眾議院《卡崔娜調查報告》引言

　　決策 (Decision making) 是從不同**方案** (Alternative) 中進
行選擇的過程。每個人在工作上多少與決策活動有關，只不
過經營層級的決策偏向策略面，而生產部門較偏向作業面，
因此訂決策範疇大致不脫品質、成本、交期、彈性、安全、
士氣這幾個面向。

決策步驟

　　決策是由下列八個步驟組成：

1. **確定問題**：認清問題是決策程序中最重要也是最基本的，
   當我們面臨複雜之管理問題時，抓住問題的核心有時並不
   是一件容易的事。抓不到問題核心不僅無法解決問題，甚
   至造成問題惡化。彼得‧杜拉克 (Peter F. Drucker) 曾說：
   「最嚴重的錯誤，並非提出錯誤的答案，而是針對錯誤
   的問題作答。最危險的事情，就是提出錯誤的問題。」
   因此確定問題之核心、本質與限制條件是決策活動的第
   一步，也是最重要的一步。

Production and Operation Management

《一個定義錯誤造成決策偏差的例子》

　　上世紀 70 年代，歐美航空客運業供不應求，因此，許多
航空公司認為，如果能擁有更多的飛機座位數，就可以贏得
更多的顧客，因而紛紛購入大型客機，也有一些航空公司反
其道而行。結果一些擁有小飛機的公司反而有更好的經營績

效，原因是主張購入小型飛機之航空公司認為滿足需求的關鍵因素在於航班次數的增加，而不是每一航班所擁有的座位數。也就是說，顧客需求總量是「座位數 × 航班次數／年」，而主張購入大型飛機之航空公司，可能會因一昧擴大座位數而忽視航班次數，最後就遭致失敗的命運。

SMART
S:Specific
M:Measurable
A:Attainable
R:Relevant
T:Time-bound

Q. 簡單列舉決策之步驟。

2. **訂立目標**：決策的目標應包含有問題、期限與資源等 3 個要素，有時這不是一件容易的事。幸好有學者提出了所謂的 SMART 法則，可供我們擬訂目標之參考：

(1) **明確性** (Specific, S)：目標明確，不可模稜兩可。

(2) **可測性** (Measurable, M)：目標要有客觀的評估方式，例如執行率、ROI、利潤等。

(3) **可達成性** (Attainable, A)：決策重在**可行性** (Feasible)，決策的目標必須在財力、技術能力、外部環境等各方面都必須是可行的。

(4) **相關性** (Relevant, R)：目標必須符合現況並可解決現有困難。

(5) **時限性** (Time-bound, T)：目標需有明確時程排序可供追蹤及評估。

3. **盡可能枚舉各種可能方案**：

供決策之**方案**必須滿足周延與互斥之二個特性：

(1) 周延性：所謂周延性意指必須涵蓋與決策有關之所有可能方案，這些方案也包括「**不做**」(Do nothing)。當決策者選「不做」時，意味著決策者不需採取任何行動，因此不會耗用任何金錢或時間，即便有也可忽略不

計。如何使能供決策之各種方案具有周延性，**腦力激盪** (Brainstorming) 是個好方法。

(2) 互斥性：所謂互斥性意指任何兩個方案之內涵、解決方式應有所不同。

　　在應用「周延，互斥」原則時，最困難的就是找出對問題有意義的切入點。不同切入點，有時會把問題導致不同的方向，這類例子在實務上屢見不鮮。

4. **設立決策準則**：有了各種方案後就必須設定**決策準則** (Decision criteria)，有些準則是有形的，例如總成本、利潤、ROI；有些則是無形的，例如企業形象、商譽等。

5. **比較分析各種可能方案並從中遴選最佳方案**：決策者根據決策準則比較分析各種方案，在分析過程中盡可能將決策者之價值觀、經驗等主觀因素納入考慮。決策時應避免濫用分析，以免陷入「**分析癱瘓**」(Paralysis by analysis) 之泥沼以致延宕決策之時間，如何拿捏實有賴決策者之智慧。這種拿捏是很重要的，常看到許多決策者在問題之考慮上過度枝節周全希望能面面俱到，但決策時又很奇怪地聚焦在某個小區塊上，結果卻成一個四不像的怪獸。

6. **方案選擇**：一些簡單的決策問題，決策者或許只憑直覺即可解決，但對某些複雜問題，**試探法** (Heuristic approach) 也可得到很好的結果，近來 IT 十分進步，計算機**模擬** (Simulation) 也能得到一個**好的解答** (Good solution)。讀者宜注意的是，即便用同一模式，不同的模擬所得的結果未必相同，因此模擬的結果通常只可作為決策者之參考，將模擬之結果作為證明或推翻某個事實之依據是不妥的。

7. **方案執行**：方案一旦決定後即形成決策，當然要付諸執行。對風險較高的決策問題還需備有**緊急應變計畫** (Emergency contingency plan)，以便在執行過程中對可能發生的問題能預作防備，這點常為決策者所忽略。

8. **方案執行之檢核**：決策執行過程中需檢核執行結果是否偏離預期的目標，進而決定是否須採取矯正或補強措施。

由決策的過程可知，決策活動是系統的，也是動態的，決策過程除了邏輯外並含有決策者的價值觀、能力、個性、創造力等，因此決策也多少帶點藝術成分。

決策未臻理想的原因

Q. 解釋賽門之「理性之有限性」學說。

不論人們在決策過程中多麼嚴謹，但決策上仍未盡理想，這在企業中是一常見的事，針對於此，賽門 (H.A. Simon, 1916~2001) 提出了「**理性之有限性**」(Bounded rationality)：

Q. 請綜合出五則人們在決策上未能理想的原因。

1. 現實世界之複雜性遠遠超過決策者之經驗與知識水準。

2. 決策者在解決問題所需之知識或資訊的掌握上並不完整。

3. 人們會因時間、環境等影響而改變他們的想法。

4. 人與人間之價值觀不具一致性。

5. 人們受限於自身之分析能力所以無法全然地從事理性分析，因而只得就手邊找一個他認為滿意的答案。

除了理性之有限性外，決策者的個性是決策未臻理想的另一個重要原因，如果決策者之成功係因一時倖致，會使他日後變得剛愎武斷，又如決策者個性優柔寡斷，造成他無法毅然決然地放棄錯誤或沒有成功希望的決策。

　　許多企業在面對新科技或新的管理制度時，對於引入之節奏與程度而陷入決策兩難。如果引入太快，員工往往會藉故科技或制度太新不夠成熟，或者不了解箇中內涵與必要性而排斥、唱衰。但是新的科技或管理制度在出現之初，要理解它在企業中之應用的必要性確實不易，再優柔寡斷一陣子，等到清楚後，又有為時已晚之憾。因此拿捏之際，要全面式快速引入還是漸進式，這又牽扯到企業之文化、策略，甚至部門利益，使得決策益加複雜。

Production and Operation Management

大師群像—賽門

　　賽門 (H.A. Simon, 1916~2001)，美國多方面的超級學者，其研究領域涵蓋公共行政、經濟學、資訊科學尤其人工智慧、心理學等，1978 年諾貝爾經濟學獎得主。

圖片來源：https://www.easyatm.com.tw/wiki/
　　　　　%E5%8F%B8%E9%A6%AC%E8
　　　　　%B3%80

　　2002 年諾貝爾經濟學獎得主卡內曼 (Daniel Kahneman, 1934~) 認為有些公司寧可持續挹注資金在一些前景堪慮的產品上，但對提供足夠資源給新產品計畫卻裹足不前，這就好像賭徒在沒有撈夠本前絕不願離開賭桌一樣。這種現象也常在臺灣企業裡發生，卡內曼的說法值得臺灣企業家在茲念茲。

此外，提案者地位高低對決策有不同程度的影響。常見的是，提案者位階越高，其提案除非有明顯重大過失外，下屬往往默默接受，而低階者之提案即便有價值，除非有高階者支持否則也可能無法成案。

大師群像—卡內曼

卡內曼 (Daniel Kahneman, 1934~)，猶裔美國心理學家，因在展望理論之巨大貢獻，而於 2002 年獲諾貝爾經濟學獎。

圖片來源：https://zh.wikipedia.org/wiki/%E4%B8%B9%E5%B0%BC%E5%B0%94%C2%B7%E5%8D%A1%E5%B0%BC%E6%9B%BC

群體決策

企業面臨的決策問題通常會橫跨多種領域，例如新產品決策時可能涉及行銷、設計、生產、成本甚至法務等問題，這不是一個人甚至一個部門所能完全解決，為避免因決策者個人的經驗、價值觀、態度、信仰的偏執而影響到**決策**之正確性，企業往往會採取**群體決策**，希望能綜合許多不同專業領域的人從更寬廣的角度去看待問題、參與決策一直到問題解決為止。

群體決策便於集思廣益，對行動方案能有較周全的判斷，同時它又可以分散決策者之責任，即便失敗也不會由一個人

單獨承擔，因此集體決策廣受企業界喜愛。群體決策大致有
會議、專案小組以及公文簽會等方式。

雖然我們常說三個臭皮匠勝過一個諸葛亮，但更常見的
是三個臭皮匠仍是一個臭皮匠，群體決策絕非管理的萬靈
丹，它往往有下列盲點：

➡ 群體決策下，不同部門的參與者固然可從不同角度去看
問題，但涉及自身部門或攸關個人的利害關係時往往就
會變得非常敏感，因此主事者必須將不同的意見正確地
收斂到議題中，否則會陷入盲目討論的泥淖，妨礙到決
策的品質和效率。

➡ 群體決策常因部門的本位主義造成分工協調之困難。

➡ 若在開始時各方的責任劃分不明，一旦失敗或遭到挫折
時便沒有人敢或願意承擔後果，在此氛圍下往往會作出
高風險的決策。

Q. 請列舉群體決策之盲點。

Production and Operation Management

《管理小典故》

英國在二戰期間曾研究如何將轟炸機機體強化裝甲以降
低被擊落的機會。依照當時的航空工程技術，機體只能局部
而不能全面加強裝甲，否則會因機身過重而造成起飛與操控
的困難。英國便找上當時名統計學家華德 (Abraham Wald,
1902~1950) 希冀解決上述難題。

大家觀察到負傷返航的轟炸機機翼中彈率最高，因此軍
方主張應該加強機翼的裝甲，但華德不以為然，他認為觀察
到的都只限於能順利返回基地的轟炸機，這些飛機的機翼極
少發現彈孔，而返航之轟炸機的座艙與機尾發動機部位很少

發現彈著點。因此華德推論出只有機翼擊中的轟炸機才有安全返航的機會，那意味著座艙及機尾發動機一旦中彈，根本就無法返航。因此華德建議加強飛行員座艙與機尾發動機部位的裝甲，英國接受華德的建議，結果聯軍轟炸機被擊落的比率驟減。

　　本故事最關鍵的資料是在被擊落的飛機上，但這些飛機的彈著點卻無法被觀察到，因此軍方所持之彈著點分布數據是有嚴重**偏誤** (Biased)。

　　這個故事給我們的啟示是：前提（或假設）錯誤時，再強力的統計方法、再多的資料也是枉然。努力搜集更多的**偏誤資料** (Biased data)，不僅無法改善決策品質，恐怕只會更加深原有的誤解。還記得第一章談到的效能與效率嗎？這就是一個很好的例子。

　　需要改善的是失敗的物件，而不是成功的物件，所以我們在處理生產問題時，必須將不良品做為探討之主體，分析研究**根本肇因** (Root cause) 才是正途。

系統方析在決策之應用

系統

　　我們在 1.2 節生產與作業管理的意義與目標談到生產系統，那麼生產系統的「系統」有何特殊意義？我們在此作一簡單說明。**系統** (System) 語源於拉丁文 "systema"，它的原意是放在一起，因此系統有整體的意思，其一般定義是「一組**互相關聯** (Inter-independent) 之**成分** (Component) 集合在一起，依據某種法則運作以達成整體的目標。」因此一個系統應具有以下諸特性：

➡ 集合性：一個系統是由許多成分組成，這些成分可能是零組件、機器或子系統。

➡ 關聯性：同一系統之成分間以某種法則彼此關聯著。

➡ 目標性：任何系統均應彼此互相合作支援以達成整體目標。

➡ 環境適應性：任何一系統在環境改變時仍能維持相當之適應能力，否則極易為環境所淘汰。

Q. 以人類之消化系統為例，請對照說明系統之特性。

系統分析

系統分析是以整個系統作為分析的對象，用宏觀的角度來分析問題、解決問題，因此整體性的考量是最重要的特徵。因此站在系統的觀點，系統之整體績效比個別子系統之績效更應受到優先的考慮。企業之資源是有限的，必須將資源作最有效的分配，因此組織之各部門應彼此互相協調、分工合作以使整體利益比各部門個別之利益更為重要。決策者有了系統的觀點與想法，才能以更宏觀的角度去思考問題。

系統分析
├─ 整體考量
└─ 整體績效量重於部門績效

企業擁有的資源（人力、資源、技術等）是有限的，若為提升某個系統的績效而挹注過多的資源於該系統，自然會排擠到其他系統能分配到的資源，這勢必會損及企業整體績效。**全球化競爭** (Global competition) 之產銷環境使得企業營運處於高度複雜度之情況下，迫使企業內部爭取資源的現象日益嚴峻，因此企業更須以系統方法去看待這些問題。

優先順序原則

對系統方法實踐者而言，建立**優先順序** (Priority) 的能力是很重要的。所謂輕重緩急，就是這個意思。決策者面臨的事件不只一件，但並非每個事件都有同等的重要性，通常總有少數事件具有相當的重要性，這就是所謂的 80/20 原

則，意指只要解決 20% 問題主因，就解決了 80% 問題，此即**柏拉圖現象** (Pareto phenomenon)。因此**柏拉圖分析** (Pareto analysis) 在排定優先順序是一個很重要的工具。作業部門在面臨不同交期、不同批量大小的訂單、**緊急插單** (Rush order) 或臨時需變更生產線時都要考慮到優先原則。

取捨原則

取捨 (Trade-off) 的意思和我們常說的「有得必有失」這句話相似。取捨的想法不僅散見在我們日常生活中，也經常應用在作業管理的實務中，例如：某企業計畫在甲乙兩地選擇一個地點建廠，甲地離市場遠但建廠成本較低，乙地恰恰相反，這就是一個典型的取捨問題。企業在做取捨分析時，通常會根據問題內之小項的相對**權重** (Weight)，做出最後之抉擇。從實務之角度，我們說的優先順序在本質上就是資源的取捨。

Production and Operation Management

管理小故事

美國作業研究學者 R. Ackoff 曾過說一個很有趣而極富啟發性的故事。在美國有一座辦公大樓裡的用戶一直對電梯等候時間過長而頻頻抱怨，大樓管理部門不得已，只好請電梯系統之原設計廠商來研究改善對策。經過實地調查後，發現平均等候時間的確比一般標準時間來得長，因此提出了包括增設電梯、將現有電梯速度升級以及分層管制使用等三個改善方案（如果是現代的工業工程師，或許他能應用等候線理論大肆計算一番），但經過審慎的評估後，鑑於這些方案所需成本都超過預算所能負荷的程度而考慮作罷。這時有某年輕心理學家發現這些白領階級人員會對一段很短的等候時間

迭迭抱怨的主要原因，竟然是在這一段等候時間無事可做而深感無聊，因此建議在各層梯廳裝了許多大鏡子，這樣等候電梯的女生可用等候時間來對鏡化妝，而男生也可藉機偷窺一下，詎料如此竟把這個延宕多時的難題輕易地解決。這個問題給我們的啟示是：在實務界，數量方法並非萬靈丹，一些看似異類的想法有時候也許可以發揮它的輕巧功。

3.3 產能規劃

別人同意你的觀點，並不表示你的觀點就正確無誤，
你之所以正確，是因為你提出的事推論正確，這樣才能保證你能夠正確無誤。
股神華倫・巴菲特 (Warren E. Buffett, 1930~)

產能之定義

在談產能規劃前，我們要先了解什麼是**產能** (Capacity)？粗略地說，一個工廠（或特定之生產設備）之最大**產出率** (Rate of output) 稱為產能，因此產能通常是指工廠或特定之生產設備產出率之上限。產能主要可分成：

> 設計產能＞有效產能＞實際產出。

> Q. 何謂產能？它可分哪幾類？

1. **設計產能** (Design capacity)：工廠或某特定生產設備在設計時的極限產出率。這是一個理想狀況，所以設計產能又稱**理想產能** (Ideal capacity)、**基本產能** (Basic capacity)，這是最大的產出率。

2. **有效產能** (Effective capacity)：設計產能減去**寬放** (Allowance)（如：個人時間、保養等）後之產出率稱為**有效產能** (Effective capacity)。

此外，還有**實際產出** (Actual output)，它的意義是：工廠或某生產設備因設備故障、停工待料、不良品管以及其他無法控制之因素造成之實際產能。實際產出率也稱為實際產能。實際產出小於有效產能。

因此，設計產能 > 有效產能 > 實際產出。

產能利用率與產能效率

我們可由上述產能之定義去定義**產能利用率** (Capacity utilization) 與**產能效率** (Capacity efficiency)：

$$產能利用率 = \frac{實際產出}{設計產能} \times 100\%$$

若產能利用率過高，如90%，表示需有擴大產能之規劃，若產能利用率過低，如30%，表示人員、設備嚴重有閒量之情形。

產能利用率往往會影響到產業之獲利，例如在103年6月在法國召開的 OECD 鋼鐵委員會，有人認為影響鋼廠獲利的主要因素是「**產能利用率**」，而不是絕對的成本。因為只有當**產能利用率**高於 85% 到 90%，鋼廠才會擁有較佳的訂價能力。

$$產能效率 = \frac{實際產出}{有效產能} \times 100\%$$

有時生產部門因市場需求遽增，透過員工加班、加僱臨時作業人員等方式，造成產出率增加，此時產能效率可能大於 100%，但這多屬短期現象。

> 產能利用率常與產能效率混淆，
>
> $$產能利用率 = \frac{實際產出}{設計產能} \times 100\%$$
>
> $$產能效率 = \frac{實際產出}{有效產能} \times 100\%$$

產能衡量的方式

一般而言，產能衡量的方式大致有二種：

1. **以產出作為衡量方式**：若企業只生產某類產品，便可用產出來衡量產能大小，如汽車廠可用每年生產多少輛汽車；電廠可用每年發電千瓦數；造船廠可用每年下水船噸數等來衡量產能。

2. **以投入作為衡量方式**：若產品組合很複雜，例如煉油廠生產柴油、汽油、燃料油等，我們可用**原油**的每日煉量來衡量煉油廠的產能。

影響產能的因素

Q. 列舉十項影響工
廠產能的因素。

影響產能的可能因素有很多,例如:

1. 廠房設備之位址與布置:

➡ 廠房設備之位址可能會影響到勞工來源、零組件或原材料、水電等之供應之來源及運輸成本。

➡ 廠房之設計與結構,如樑柱、隔間、樓梯與進出口位置會限制機器設備之布置與物料之搬運,廠房的高度和地面之負荷能力也會對機器設備的安置與零組件或原材料之堆積造成侷限。

2. 產品因素:

➡ 產品之**易製性**(Easy to produce 或 Easy to manufacture)、產品設計之 3S(簡單化、規格化與標準化)程度越高者越有利於提升產能。

➡ 產品設計**允差** (Tolerance) 越窄越會增加產品不良率,從而降低產能,**允差**變寬將使產品變異程度加大而影響到產品實際品質,因此**允差**、**產能**兩者之間要取得平衡。

3. 製程因素:

➡ **品質水準**:生產產品之**良率**越高,**重工**或報廢之不良品越少,對**產能**提高越為有利。

學習地圖
換模→ 4.2 節

➡ **機器設備之整備時間**:減少整備時間尤其**換模**時間可縮減前置時間,當然有利於**產能**提高。

4. 作業員:

作業人員之士氣、出勤狀況管理及專業技能水準越高,越有利於**產能**之提高。

5. 供應商：

供應商之供貨能力強、不良率低都有利於產能提高。

產能規劃的階層性

不同層級的經營管理者對產能規劃之焦注點是有所不同的：

1. 公司層級：公司**高階主管**關心的是公司的整體產能，因為這關乎公司之未來接單能力、產品之市場占有率與競爭力。

2. 工廠層級：工廠經理關心工廠的產能是否滿足需求，預測未來產能需求之高峰期或低谷期並做好調整產能之準備。

3. 線上層級：線上領班關心的是生產線上的產量水準，並據此作出產能規劃。

產能策略

產能規劃依時間長短可分長期與短期兩種。長期之產能規劃主要是新設施與設備之投資，中、短期之產能規劃則以勞動力、存貨、加班費等例行性規劃為主。因此不論是公司哪一個層級，他（她）們在產能規劃時大致包含下列三個問題：

1. 需要何種產能？

2. 需要多大的產能？

3. 何時需要產能？

公司階層之產能策略是與生產部門是有所不同的，公司階層之產能策略強調的是戰略性，在內容上不外乎：市場需

求趨勢，競爭者的可能動向，設施的購置成本，技術創新的走向；而生產部門之產能策略大致偏向戰術性，例如：有要多大的**產能緩衝** (Capacity cushion)？在什麼時候擴充多大的產能？以及與其他業務（如行銷、財務等）之互動性等。

產能緩衝

產能緩衝定義 1
＝ 1 －產能利用率
產能緩衝定義 2
產能緩衝＝產能－
預期需求

產能要用到什麼程度，始終是生產部門關注的問題。若未來需求量超過現有產能，直覺上是要去擴大產能，但是考量到現在設備或勞動力的使用情形，未必有擴大產能的空間，如果不擴大產能又恐失去這筆大訂單，因此企業就必須面臨所謂產能緩衝的問題。由產能利用率我們可定義出產能緩衝：

產能緩衝 (%) ＝ 100% －產能利用率

因為產能緩衝與產能利用率提供製造業者相同的生產資訊，如果讀者不習慣產能緩衝這個名詞，我們也可從**產能利用率**著手分析。

產能緩衝是因為需求
不確定性而衍生之額
外產能。

如果平時產能緩衝過小，也就是**產能利用率**接近 100% 時，一旦遇到臨時性的**緊急訂單** (Rush order) 時，會因產能緩衝不足也就是備用產能不足，使得沒有多餘之產能來因應此突如其來的插單，不僅無法在交期內完成訂單，甚至有丟掉訂單的風險；但從另一方面來看，如果平時**產能緩衝**過大，亦即**產能利用率**太小，因生產所需之固定支出仍需支應，所以分攤到產品之單位成本便會增加，因此企業在成本、產品需求不確定性的程度等因素考量下會對要有多大的**產能緩衝**作一斟酌。美國製造業產能緩衝大致保持在 20% 之水準。

此外，也有學者如 William J. Stevenson 在其 Operations Management 13rd ed 定義產能緩衝為

產能緩衝 =（有效）產能－預期需求

它和前面所說的定義在意義上略有不同，一是實際產出，一是預期需求。需求不確定性越大，產能緩衝就越大，而產品或服務標準化越高時，產能緩衝通常較小。

- 需求不確定性大，產能緩衝大。
- 標準化產品產能緩衝小。
- 資本密集之廠商偏向最小的產能緩衝。

產能規劃的步驟

製造業的產能規劃應考慮到下列面向：

1. 找出最適生產水準，並以**平準化 (Level)** 進行產製活動。

2. 產能規劃必須考慮到應變之彈性，包括產品品項與數量之彈性以及產能改變後的應變措施，例如：為因應市場突發之需求，調整存貨水準或是利用加班、外包、雇用臨時人工等都是可用之因應方式。

學習地圖
平準化→ 4.2 節

因此企業進行產能規劃時所採的步驟包括：

1. **對未來的產能需求進行預測。**

2. **計算產能差距**：有了產能需求預測，便可得到現有的產能水準與預期產能需求間的差異，這個差異稱為**產能差距 (Capacity gap)**。

3. **找出填補產能差距的各種方案**：包括調整存貨水準、利用加班、外包、雇用臨時人工等方式，當然也包括不採取任何行動的所謂**基礎方案 (Base alternative)**。

4. **方案評估**：確認每個方案都是可行的，然後，評估的方法可分定量和定性兩種方式評估產能：

產能規劃步驟
1. 產能預測。
2. 產能差距。
3. 找填補產能差距之方案。
4. 方案評估。
5. 執行選定之產能方案。
6. 追蹤執行成果。

Q. 簡單說明產能規劃之步驟。

(1) 定量評估：定量評估主要是基於財務的角度用**淨現值法** (Net present value method)、**損益平衡分析** (Break-even analysis)、**投資回收法** (Investment pay-back method) 等方法，它們考慮的因素有：

➡ **主成本** (Principal cost)：即購置成本，包括：資產購價、運費、裝置費、試車等。

➡ **每年操作成本** (Annual operating cost)：與操作有關的成本，包括工資、物料、維護保養、保險等。

➡ **殘值** (Salvage)：資產報廢時之市場價值。

➡ 使用年限與利率。

這些都屬財務管理、工程經濟或管理會計等課程之領域，有興趣深入的讀者，可參考有關教材，本書不擬贅述。

(2) 定性評估：包括產能規劃與企業的整體規劃間是否有衝突的地方？與公司的競爭策略是否密合？是否考慮到未來技術變化等等，生產經理人員可依**最佳的情況** (Best case)、**中等情況** (Average case) 及**最糟情況** (Worst case) 來判斷。

5. 執行選定之產能方案。

6. 追蹤執行成果。

服務業之產能規劃

首先，我們必須了解服務業之「服務」不具儲存性。例如你搭從中正機場到紐約之直航飛機，你座位旁邊若沒顧客訂位，那麼整個航次那個位子都是空的，這是大家的經驗。其次，服務業的服務顧客對等待是有一定的耐性，有些顧客到餐廳用餐，若等候時間超過他的耐性便掉頭就走。一般

用餐時間都集中在某一時段，所謂**尖峰時間** (peak)。因此服務業的產能規劃在訂定上是有其事實上的困難。解決之道之一是利用價格來調整產能，也就是經濟學所謂的**經濟取價** (Price discrimination)，簡單地說，便是用價格或其他優惠手法去因應需求的波動性或週期性，這在航空業、旅遊業尤為常見。

3.4 生產規劃

> 每次準備戰鬥時，我都發現計畫內容毫無用處，但制訂計畫卻不可少。
>
> 艾森豪

產銷協調—生產規劃前的準備

我們看看一些公司裡常見到的現象：

➡ 行銷計畫與生產計畫分別由行銷、生產與儲運部門各自擬訂，若行銷、生產與儲運部門在溝通、協調上未盡周全，便會造成產銷不平衡。

➡ 存貨資訊不即時、不完整或不精確，使得產品之成本不易決定，影響產品價格之訂定。

產銷協調
— 物料
— 進度
— 產能
— 存貨

產銷協調最主要的目的是要去解決公司產、銷、儲三大問題，以確保公司未來一段期間內之生產與銷售達到或至少趨近產銷平衡。產銷協調通常是每個月由行銷、生產、物流有時還加上財務、人力資源等部門之主管以會議的方式進行，當原料供應緊張或市場有急變時，會以不定期方式臨時加開。

Q. 簡述產銷協調之目的及其可能內涵。

產銷協調之結果可作為生產規劃的依據，它有助於爾後生產活動的順利展開。企業之產銷協調之內涵，大致不脫以下範疇：

1. 物料計畫與控制

依據客戶需求擬訂**物料清單** (Bill of material, BOM)，確認供應商能適時、適量、適質地供貨，並對發生問題物料部分研提解決方案。

2. 生產進度安排及控制

根據客戶需求量排定生產排程，對落後的部分要盡速改善並進行**跟催** (Follow-up)，落實生產排程的控制。

3. 產能異常時之調整

產能不足時，生產部門會對**外包**（Outsourcing 或 Subcontract）進行評估。市場需求減少或客戶抽單時，會考慮降低產能作為因應。

學習地圖
外包→ 8.3 節

4. 存貨水準

生產部門根據行銷計畫之品項與數量扣除現有存貨及外購量，加上**安全存貨** (Safety stock) 就決定了這一期生產之品項與數量。因此存貨水準在產銷協調乃至生產規劃中扮有重要角色。

學習地圖
安全存貨→ 8.4 節

生產部門一旦掌握了市場需求、產能、存貨等資訊，對爾後之生產規劃上自然會變得簡單也順遂許多。

生產規劃

一個引例

在談**生產規劃** (Production planning) 前，不妨用一個大家熟悉的經驗作為引例。

想像某個大一學生立志要做個工程師，因此他一進入大學後就對未來大學生涯作一規劃。為此，除了四年的必修課程外，他還規劃未來四年之選修哪些課程、參加哪些社團活動，這相當於長期規劃。在這四年的修習計畫下，決定大一修課計畫與社團活動，這相當於中期規劃（整體規劃），為了應付大一即將開學的課業及考試，他會因不同課程訂有不同的讀書計畫，這相當於短期規劃（短期生產排程），有了

不同課程的讀書計畫，他可能還要根據老師的教學進度安排每週的讀書時數、學習的方法、是否採購參考書或其他實驗材料等這相當於**途程規劃** (Route planning)。

我們接著談的生產規劃，本質上和前面的引例相似。

生產規劃是企業因應生產活動所建立之一種系統化的思維活動，它是將生產產品之品項、數量、生產方法、機器設備、生產期限、物料、人員等作一個整合，因此生產規劃下又可細分若干子規劃，包括人員規劃、日程規劃、途程規劃、設備規劃、材料規劃、外包規劃、零組件製造規劃等。

生產規劃會因企業之屬性、規模而有相當的差異，理想的生產規劃在規劃上應確保：

Q. 請簡要說明一個好的生產規劃要有哪些條件。

➡ 沒有「停工待料」的現象。

➡ 在充分滿足行銷上的需求下使存貨極小化。

➡ 能以最合乎生產日程要求的勞動力水準進行生產。

生產規劃之種類

生產規劃依**規劃跨度** (Planning horizon) 之長短可分：

1. **長期生產規劃**：這是一年以上的產能規劃，規劃內容如產品計畫、產能計畫、供應商與長期原物料來源的掌握、長期勞動力資源規劃、生產改善計畫等，這些都關乎企業的長遠利益，具有戰略性與風險性，因此規劃長期生產時應力求縝密以及爭取高階管理階層的參與和支持。

2. **中期生產規劃**：中期生產規劃是由年度生產規劃擬訂出的季計畫或半年計畫，它主要是將年度的生產規劃更具體，更明確地指出生產部門在未來一季或半年所要生產之產品的品項、數量及交貨期、開工日期及材料之需求量等。

3. **短期生產規劃**：生產部門根據半年度生產計畫、季生產計畫，排定各工作站之以週或日為單位之工作目標，當實際產量與目標產量有顯著差異時，加班、人員調動等都是常見之調整方式。短期生產規劃大致是以個別產品訂單為基底所做的生產排程。

生產規劃排程之訂定

生產規劃排程的排法有**前導式排程法** (Forwarding scheduling) 與**後導式排程法** (Backwarding scheduling) 兩種：

1. **前導式排程法**：由開始生產日期順推到交貨的時間，從而知道最早什麼時候可以完成生產。

2. **後導式排程法**：由交貨時間回溯到何時應該開始生產，從而知道**最晚**到什麼時候必須開始生產。

前導式排程法
最早什麼時候可以完成生產

後導式排程法
最晚到什麼時候必須開始生產

整體規劃

實務上，要精確地預測出個別產品或服務的需求數量通常是很困難，而且若只對個別產品或服務去作規劃，往往會失去對市場的應變能力，**整體規劃**（Aggregate planning；也稱為總體規劃）就是以**宏觀** (Macro-view) 的角度對企業的產品或服務之整體所作的中期產能規劃。因此整體規劃的對象是整條生產線而不是個別產品。

整體規劃→整條生產線

整體規劃之成本

任何生產計畫總牽涉到成本，而整體規劃有關考慮之成本計有：生產成本、存貨成本、人事成本（包括正常人事薪資與福利、雇用、解雇與加班等）、**預收訂單**（Backlog，

Q. 請區分：
Backlog、
Backorder 與
Stockout。

也有人譯作積壓訂單）、**欠撥訂單** (Backorder) 與 **缺貨** (Stockout) 成本。Backlog、Backorder 與 Stockout 是三個常令人混淆的名詞，Backlog 是本期未能完成須延至未來某個時期補足的訂單，也就是未交付訂貨。Backorder 是公司未能供貨但可延後交貨。Stockout 是公司未能供貨，且日後也不再供貨，因此後兩者之最大差別在於 Backorder 之訂單仍在而 Stockout 訂單流失。

整體規劃之目標

Q. 指出六個整體規劃的目標。

一般而言，整體規劃之目標有：

➡ 消費者需求**滿足**之最大化。

➡ 廠房和設備**設備**利用率為最大。

➡ 整體成本為最小／利潤最大化。

➡ 存貨為最小。

➡ 勞動力水準變化為最小。

學習地圖
平準化生產→ 4.2 節

➡ 生產率變動最小化；從某個角度來說也就是力求平準化生產。

公司資源有限，因而在擬訂規劃時，上述目標可能會有所取捨。

整體規劃的策略

Q. 整體規劃採用哪些策略？

整體規劃 (Aggregate planing) 採用之策略依產能（勞動力水準與產出率）或存貨二者中何者要調整而分為**追趕需求策略** (Chase demand strategy) 與**平準策略** (Level strategy) 兩大類型：

1. **追趕需求策略** (Chase demand strategy)：追趕需求策略顧名思義是任何規劃期間之任一時期之產出均等於該時期的預期需求。企業面對需求量變動時，以調整勞動力水準、產出率作為二個重要策略工具：

(1) 只調整勞動力水準：這種策略也稱為**產能策略** (Capacity strategy)。是正常工作時間不變下，透過雇用或解聘員工的方式來調整勞動力水準，它的優點是勞動力利用率最大，即沒有存貨也沒有加班或工時不足的問題，缺點則是當需求減少時，員工有被裁汰的威脅，這會降低員工工作效率，直接影響到產品的交期、品質等。

(2) 調整產出率：這種策略也稱為**利用策略** (Utilization strategy)。它是企業在尖峰時期以彈性的工作排程或**加班** (Overtime)、外包，或雇用臨時工（派遣人力）等方式來調整產出率，在淡季時則以不足工時或休假以為因應，它的優點是可提供員工相對穩定的工作權，避免員工在需求減少時之不安情緒。

2. **平準策略** (Level strategy)：平準策略是企業在產能不變之情況下，用調整存貨水準的方式來處理缺貨與生產過剩的問題，因此平準策略也稱為存貨策略。

此外還有所謂的**外包策略** (Subcontracting strategy)，它是當需求大於產能時便以外包方式因應，它的好處是可穩定員工工作。

生產部門有時會採用兩種策略去擬訂生產規劃，這就是所謂的**混合策略** (Mixed strategy)，若企業僅使用一種策略時就稱為**純粹策略** (Pure strategy)。

豐田公司在現場只配備最少員額的作業人員，因此作業人員通常被要求加班，市場需求減低時，只需減少作業人員的加班時數即可，因為不必裁員，對穩定員工士氣是有不少幫助，豐田的作法可供我們在擬訂生產規劃策略之參考。

整體規劃投入

整體規劃通常是生產和行銷、財務、採購等部門共同合作下所擬訂之企業總體規劃。每個企業之整體規劃的內容會有所差異，在此我們舉一個虛擬的例子，說明整體規劃的投入，讀者可舉一反三：

行銷部門

➡ 銷售預測（包括可能或已取得之訂單）。

➡ 未撥量。

➡ 市場競爭情況。

生產部門

➡ 中短期生產規劃。

➡ 現有合約之供貨情況。

➡ 產品生產之品質情況，如不良率報告。

➡ 生產成本（包括生產所發生之固定成本與變動成本，直接與間接之勞工成本，加班費用等）。

➡ 生產成本預測（包括可供未來生產所需之現金預算）。

➡ 勞動力需求（例如是否要兼職人工，或哪些部分之工作要外包）。

工程部門

➡ 生產設備**妥善率** (Availability)。簡單地說，設備妥善率是想用設備時，該設備隨時可以正常運轉的比率。妥善率是越高越好。

學習地圖
妥善率→ 7.3 節

➡ 生產設備之維修情況。

採購及材料部門

➡ 零組件或物料存貨水準。

➡ 供應商之供貨能力。

➡ 近期國外進口之原物料之情況（如供應商是否可如期如質供貨、是否有碼頭罷工延宕交貨之情事）。

財務部門

➡ 企業之財務狀況。

➡ 中短期之現金預算。

整體規劃之分解

整體規劃是對整條生產線所做的中程生產規劃，工作站這一階層是無法直接用它來執行產製活動，因此必須將整體規劃分解到工作站可以實踐的程度，否則規劃結果是一張空紙。

主排程

生產部門收到整體規劃後首先必須轉換成**主排程**（Master schedule；也稱為排程總表）：

Q. 主排程之投入與
產出為何？

主排程之投入資訊有：

1. 期初存貨。

2. 主排程規劃期間之各期需求預測。

3. 訂單量。

為了計算存貨我們將應用到下列兩個基本算式：

本期期末存貨＝本期期初存貨－本期需求

上期期末存貨＝本期期初存貨

主排程的產出

主排程規劃完成後會有 3 個主要產出：

1. 預計存貨。

2. 生產需求。

3. **可用於承諾之存貨** (Available-to-promise inventory, ATP
inventory)。所謂可用於承諾之存貨是指可供行銷人員對
顧客新訂單之交貨做出之實際承諾。

主生產排程

主排程之存貨 < 0 →
MPS

主排程考慮的是存貨、預期需求與訂單量，期末存貨一
旦為負時，便須用生產來補充存貨，如此便進入**主生產排程**
(Master production schedule, MPS) 階段。

MPS 是以一個工廠在何時生產 (When)、生產什麼產品
(What)、以及生產多少 (How many) 等作為規劃的內容。因
此 MPS 是一個和產能有密切關係的生產規劃，它的重要性
大致歸納為：

➡ MPS 決定了所需投入的產能大小。

➡ **物料需求規劃** (Material requirement planning, MRP) 就是根據 MPS 來計算物料需求，換言之，MPS 驅動 MRP。

➡ 可由 MPS 訂出生產活動作業的優先順序。

MPS 所顯示的總數量應理與整體規劃上的數量一致，但因 MPS 在編製時與整體規劃有相當之**時差** (Time-lag)，因此 MPS 之數量通常與整體規劃不同。

學習地圖

MRP → 8.5 節

Q. MPS 之重要性為何？

主生產排程編製之原則

MPS 之**規劃時程** (Planning horizon) 一般都會略長於完成該項計畫的時間。**規劃時柵** (Planning time fence) 將規劃時程分割成**固定** (Firm) 又稱為**凍結** (Frozen)、**暫定** (Tentative) 和**開放** (Open) 三個時段；我們稱編製 MPS 的那一天為「今天」，在規劃時程內與今天較為接近的一段時期為固定，顧名思義那一個時期的生產數量為固定，其時間長度通常約略等於產製之**前置時間**，原則上只採用實際訂單量，除非極為特殊情況外，否則這一時期之數量不能改變。規劃時程「固定」後之次一時期是「暫定」，它的數量上包括較後交期之訂單量和預測量，「暫定」後緊接著是「開放」，這時期對新訂單只能做暫時性的承諾。

▶**圖 3-1**

MPS 編製原則示意圖

主生產排程的技巧

規劃時程越長管理者就越有足夠的時間來處理突發事件，同時也有較充裕時間與供應商議價而取得採購利益的機會，

但隨著規劃時程加長，影響之因素亦隨之增多，平添規劃上更多的不確定性與複雜性，同時 MPS 的凍結雖然使生產成本得以降低，同時也減少了市場變化的應變能力。因此，一位好的生產排程規劃者在規劃時會同時考慮到規劃時程、凍結時間長短與市場變化的應變能力三者間的平衡。

主生產排程的動態

有些企業長年都有訂單，有些企業只有零星訂單，也有些企業還不知明天的訂單在哪裡，顯然企業未來接單的情形直接左右 MPS 的穩定性，穩定性差對 MPS 在規劃時程內修正的機會自然也較大，此外在 MPS 規劃時程內，若有下列情況，企業可能要修正 MPS：

1. 需求面的波動：

➡ 臨時抽單或插單時需調整現有訂單之交期與數量。

➡ 市場需求變動時需調整產能。

Q. 企業在哪些情形
要修改 MPS？

2. 供給面的波動：

➡ 機器故障或製程不穩定。

➡ 供應商無法如期交貨。

➡ 製品不良率超乎平常。

我們將以一個簡單的例子說明之：

計算例

假定：公司在 3 月 31 日之存貨為 33，而在 4、5 月份之各週預測與已收訂單數量如下表：

	4月				5月			
	1	2	3	4	5	6	7	8
預測	25	25	20	20	10	10	10	10
訂單量	15	18	21	17				

若每次生產量為 20，試編製 MPS。

解：

我們可先編製下列工作底稿：

	期初存量	需求量	期末存量	MPS	預計存量
1	33	25	8		
2	8	25	-17	20	3
3	3	21	-18	20	2
4	2	20	-18	20	2
5	2	10	-8	20	12
6	12	10	2		2
7	2	10	-8	20	12
8	12	10	2		2

在上例中，讀者應注意的是：當每週需求量與訂單量較大的那個數量當作工作底稿之需求量。

粗估產能規劃

MPS 未考慮到產能的限制，因此 MPS 完成後，生產部門會考慮未來生產階段自身產能與供應商之供貨能力，如此便進入了**粗估產能規劃** (Rough-cut capacity planning, RCCP) 階段。MPS 之初步底稿必須通過粗估產能規劃的考驗才有付諸實現的可能。一般而言，粗估產能規劃須確認下列各項：

1. 是否有足夠的流動資金來滿足公司現金流量的需求？

2. 機器設備是否提供足夠的產能？

Q. MPS 有哪些因資訊不足，而須 RCCP 補不足之處？

$$MPS \xrightarrow{\text{產能}} RCCP$$

3. 供應商是否能適時、適質、適量地供應所需的零組件、物料？

若以上有任一項答案為否定，就必須修正 MPS。

途程規劃

一般設計圖只有產品的最終尺寸、公差、形狀與使用材料等資料，但沒有加工的方法、所需的機器及施作的步驟等資訊，即便有了設計圖，現場仍無法進行產製，因此必須有一種規劃來彌補設計圖之不足，這個規劃就是**途程規劃** (Route planning)。途程規劃是依據產品設計圖與施工說明，規劃出從原料開始到產製完成為止，能使成本、效率、品質全面優化之加工方法與作業順序的所有加工途徑。因此**途程規劃**考慮的因素包括：

1. **工序**：對於裝配性或加工性的產品，可由產品裝配圖、操作程序圖、產品使用的原材料形狀、加工步驟與方法，逐一列出完整的工序。

2. **最佳的產製程序**：生產程序的擬訂會因人而異，即便是同一個工項也可能會因技術人員的經驗、作業慣性不同而有不同的產製程序，在此情況，**電腦輔助製程規劃** (Computer-aided process planning, CAPP) 是找出最佳的產製程序之利器。

3. **決定所需材料種類與數量**：根據物料清單 (BOM) 所示品項、數量與規格，以適當的加工方式及機器設備進行產製。

途程規劃

從原料開始到完成為止的所有加工途徑，所做的規劃。

Q. 為什麼要有途程規劃？

Q. 途程規劃考慮到哪些因素？請列舉六項。

4. **平衡機具間的負荷**：根據每一工作站所用機器的產能、加工能力與工作負荷來平衡機器間的負荷，使生產時能有最佳的效率。

5. **安排操作人數與作業時間**：由標準作業方法、機器產能，配合**時間與動作研究** (Time and motion study)，決定每一項作業所需的勞動力水準與作業時間。

6. **決定檢驗點**：生產過程中決定於何時對何項作業進行檢驗（包括檢驗單位、檢驗方式與檢驗標準）目的在確保所生產的產品符合規格。

及時生產

本章學習重點

4.1　及時生產的基本觀念

1. 推式生產與拉式生產
2. 及時生產之兩個主要目標及三個次要目標
3. 浪費的意義
4. 及時生產之兩大支柱

4.2　及時生產之關鍵做法（一）

1. 平準化生產的意義、先決條件、配套措施及好處
2. 一個流生產的意義
3. 了解少人化與省人化差別

4.3　及時生產之關鍵做法（二）

1. 標準作業之要素
2. 5S 活動
3. 看板使用六個原則、功能

4.4　及時生產導入與未來發展

1. 及時生產導入的時機與策略
2. 及時生產的關鍵成功要素
3. 及時生產的效益

4.1　及時生產的基本觀念

為求改善，情況必須變得更糟，
若沒有一定程度的不妥不適，就不可能變成真正的精實組織。

（佚名）

引子

　　1945 年日本戰敗，全國幾乎變為廢墟，到了 1970 年代，日本在鋼鐵、造船、汽車、工具機、機器人、消費性電子等多項領域上取得世界龍頭的地位，造成日本產品不論質或量都受到西方高度重視與關切，有些西方學者認為日式生產的觀念與手法是日本企業在世界市場勝出的關鍵，因而日本式的生產管理逐漸受到西方重視，上世紀七○年代以後在全球尤其美國更掀起日式管理旋風。西方之生產與作業管理之書籍、論文中討論日式管理至今仍方興未艾，為突顯一些出自日本之獨有的觀念或做法，生產與作業管理中不乏有直接取用日語之英文拼音當做英文詞彙，前面說過的**現場** (Genba) 就是一個例子。

　　二十世紀是一個管理思想蓬勃發展的世紀，許多管理思想風雲一時即告曇花一現，也有一些迄今仍屹立不搖，**及時生產** (Just-in-time, JIT) 就是其中一種。它源於日本豐田汽車公司，因此又稱為**豐田生產系統** (Toyota production system, TPS)，日本顧問公司在推廣豐田生產方式時，為了避免用豐田這個名稱，也有稱為**新生產系統** (New production system, NPS)，此外 JIT 在西方也有不少別稱，最常見的有**精實生產** (Lean production)，其他還有惠普公司 (H.P.) 之**零存貨生產** (Stockless production)、IBM 公司**連續流製造** (Continuous flow manufacturing)。

門田安弘 (Monden Yasuhiro, 1940~) 稱 JIT 是繼泰勒科學管理及福特大量生產方式後之最具革命性的生產系統。

日式管理的行為面

許多外國人對日本人有一些刻板印象，例如：有板有眼、喜歡吹毛求疵、不近人情等，但是許多美國管理學者研究發現，日本企業對人性的管理其實是很細膩的。他們較偏向把人的潛力和有附加價值的工作連結在一起，加強企業內各階層人員的有效溝通，從而強化了作業人員與管理階層間的互信，日本企業有兩個特殊機制在人性化管理上很有幫助：

1. 提案制度：**提案制度** (Proposal system) 源自美國，於二次戰後傳入日本內化成日式的提案制度。提案制度原本是要鼓勵員工盡量提供意見，以挖掘出員工對工作改善的好點子，但日本管理階層並不期望能從員工提案中獲得巨大的生產利益，反而是希望能從提案制度中，開啟員工之改善意識及養成員工自律的態度。

Q. 請列舉五項品管圈對現場作業之貢獻。

2. 小集團活動：**小集團活動** (Small group activity) 是工作現場的作業人員以自願的、非正式的方式所組成之小團體來執行特定的任務，**品管圈** (Quality control circle, QCC) 就是小集團活動最常見的一種型態，它通常是由領班及作業人員組成，以解決或改善一些像不良率、製造成本、設備保養、工安環保、工作改善等生產問題。裘蘭 (Joseph M. Juran, 1904~2008) 等認為日本之品質改善成果中，QCC 的貢獻度可能不超過 10%，其改善的點子通常也非關鍵，但 QCC 對激發員工改善意識與員工自律的貢獻應是毋庸置疑。

許多人會把**小集團活動**與**自主管理**（日文發音 "jishu kanri", JK）混淆，日本的自主管理是作業人員在上級管理人員（如領班）的指導下，進行例行性的改善活動。簡單地說，**小集團活動**是出自員工的自動自發，而**自主管理**則為現場之例行管理。

小集團活動—員工自動加入
自主管理—例行管理

推式生產 vs 拉式生產

推式生產 (Push production) 與**拉式生產** (Pull production) 在生產方式上截然不同，**推式生產**是根據事先規劃之「排程」進行產製活動，上一製程生產的工件由下一製程全然接收，這是傳統生產的方式，也是多數西方製造業常見的生產方式。**拉式生產**之現製程只有在收到下一製程發出的**看板**（Kanban；也稱告示牌）後才會按照看板上的資訊進行產製或搬運。本章之 JIT 就是**拉式生產**。

Q. 簡單說明推式生產與拉式生產之特徵。

JIT 是拉式生產。

▶圖 4-1

超級市場就是「後拉式」的生產方式

有了上述之背景知識，我們便可討論 JIT。

推式生產
平準化
————→ 拉式生產
JIT

傳統**推式生產**必須透過**平準化**才能轉換為**拉式生產**，因此我們可以說，**平準化**是推式生產轉型成 JIT 必經的途徑。關於這點我們將在下節詳細介紹。

及時生產 (JIT) 的意義與目標

及時生產的意義及目標

Q. 解釋 JIT。

JIT 是「在適當的時候，適當的地點生產適當品質及適當數量的必要物品之一種生產方式」。門田安弘認為及時生產 (JIT) 有兩個主要目標及三個次要目標：

主要目標

JIT 之目標

├── 主要
│ ├── 降低成本
│ └── 減少存貨
└── 次要
　　├── 數量管理
　　├── 品質保證
　　└── 尊重人性

JIT 有兩個主要目標：一是降低成本、增加利潤；一是減少存貨使生產問題浮現，茲分述如下：

1. **降低成本、增加利潤**：JIT 實踐者認為只有根據「今日必要的工作量」所算出來的成本才接近所謂的「真正成本」，而真正的成本只有梅核一般大小，其他所謂的「成本」就是浪費。「今日必要的工作量」是很重要的，因為每天只生產「今日必要的數量」就可避免生產過剩，如果沒有生產過剩存貨就不存在，那麼製造成本、倉儲及貯存成本等連帶地就可大幅降低，而大幅降低成本的方法就要從製造技術著手。

學習地圖

製造技術→ 2.1 節

2. **減少存貨使生產問題浮現**：存貨會掩飾一些如製程不良、產能不平衡、不良率偏高之類的生產問題，因此減少存貨後這些問題就會被迫一一地浮現而得以逐一解決。

次要目標

JIT 以降低成本、減少存貨為主要目標，為達此目標仍需做到下列三個次要目標：

1. **數量管理**：建立在生產之數量和種類上都能足夠因應每月或每天需求變動之數量管理之目的。不論是為了需要落實標準作業，或是為了實現「三現主義」，還是為了改善活動，都要以數據為後盾，以事實為依歸。

學習地圖

三現主義→ 9.5 節

2. **品質保證**：上製程對下一製程能夠提供半製品之品質保證。

3. **尊重人性**：當企業利用人力資源來達到降低成本的目標時，要培養對人的尊重。

JIT 之主要目標與次要目標間彼此互相影響而非彼此孤立。換言之，主要目標不能實現時次要目標固然不能實現，而次要目標不能實現時主要目標也不能實現。

有關數量管理、品質保證將在爾後章節中陸續說明，在此先就浪費與自働化這兩個區塊先說明一下。

浪費－及時生產的首號敵人

JIT 之實踐者稱任何不能產生附加價值的作業為**浪費**。JIT 總結出七大浪費，它們是：

1. **製造過多的浪費**：製造過多是生產線上最常見也是最容易被忽視的一種浪費，它可能是因為製造太早或生產太多。現場產量超過計畫產量，卻還一直生產下去，使得生產線上堆積了過多的存貨，衍生了產品之不良率偏高、生產線不平衡以及搬運浪費等問題，成為現場改善與降低成本的最大障礙。

七大浪費（無馱）
— 製造過多
— 等待
— 搬運
— 動作
— 不良品
— 加工
— 存貨
（最惡劣的浪費）

學習地圖

改善→ 9.5 節

2. **等待的浪費**：停工待料、管理者決策遲緩以致延宕生產流程，或因監看機具設備之運作以致無法進行其他生產活動等都是等待浪費的例子。

3. **搬運的浪費**：從倉庫搬至工廠，再搬至機器設備旁，最後放在作業員手邊，這些堆積、更換及移動等所謂的二次搬運或多次搬運都是搬運浪費之例子。

4. **動作的浪費**：JIT 實踐者將作業人員的作業分「工作」與「働作」兩類：

   (1) 工作：進行工程及具有提高附加價值的動作稱為工作。

   (2) 働作：進行工程以外或沒有附加價值的動作稱為働作，如取物、尋找零組件、堆積物品等。

   日本人用「働」與「動」分別表示無附加價值的動作與有附加價值的動作。任何沒有附加價值的作業都屬動作的浪費。

5. **不良品的浪費**：有不良品時，便要以**重工**、報廢或以次級品低價出售等方式處理，造成公司在材料、人工甚至商譽上之損失。因此日本人強調第一次就把事情做對，前製程之不良品絕不送到下一製程。

6. **加工的浪費**：所謂加工的浪費，包括：加工方法錯誤、不必要的加工等，為此需注意製程或作業方法的改善，例如：調整夾具或適當工序、減少機具設備之整備時間等。

7. **存貨的浪費**：存貨是製程不良、產能不平衡等生產問題的根源，更是最大的浪費之所在。為了要安置存貨，還需要特別設置庫房或勻出空間來安置這些存貨，這又要

働作：無附加價值。
工作：有附加價值。

搬運設備等，如此衍生了設置成本，而搬運存貨至存放
場所便又產生了運送成本，同時還要設置倉儲人員，存
貨受損時，需整修作業等，都會增加許多額外成本，因
此存貨被稱為「最惡劣的浪費」。

自働化－即時生產之重要支柱

自働化（Autonomation，日文之英文拼音 Jidoka）是 JIT
之重要支柱。

自働化是指帶有「人智」的自動化，也就是當生產線上
有問題時，機器就會自動感應並且立刻停止運轉。自働化之
生產線在工作臺附近都設有一個按鈕，一旦遇有問題時，作
業人員可以按鈕讓整條生產線停止運轉，等解決後，再重新
啟動。如此除可使問題立刻浮現外，同時也會迫使線上作業
人員有在極短的時間內根本地解決問題之壓力，日本經理們
相信這種經驗會使生產線變得更強而有力。

現場作業人員不應一昧僵守「一有異常時就要停線」，
這是過猶不及，因為停止生產線運轉的終極目的是要「將生

自働化
＝自動化＋人智

Q. 何謂自働化？

產線改善成不會停線之生產線」，因此停止生產線的「停止」是手段而非目的。

臺灣企業引入 JIT 後，經常都會訂出比市場更嚴格的品質標準或者將機具設備改良，以免因停機的損失造成公司財務上之負擔。

4.2　及時生產之關鍵做法（一）

始終不曾停止的生產線不是非常優秀就是非常差勁。

大野耐一 (Taiichi Ohno, 1912~1990)

平準化生產（Production leveling，へいじゅんか日文平準化的英文讀音 heijunka 或譯平穩式生產）、**一個流生產**（One-piece flow 或 One-by-one production）、看板管理、改進物流等都是 JIT 之關鍵作法，本節將先從平準化生產、一個流生產生產說起。

平準化生產

平準化生產是按**生產節拍**平穩地進行生產，目的是要縮短最大負荷與最小負荷間的差距，因此平準化生產也稱為平穩化生產。

平準化生產不僅要求產品在「數目」上要能平準化，同時「種類」上也要平準化。為此，平準化生產就必須把生產批量減小，因為對製造者而言，小批量生產會有下列的好處：

➡ 不需備有大量存貨作為**緩衝** (Buffer)。

➡ 可縮短前置時間。

➡ 便於**混線生產** (Mix-model production)。

Q. 何謂平準化生產？

小批量生產之好處
├── 不需備有大量存貨
├── 縮短前置時間
└── 混線生產

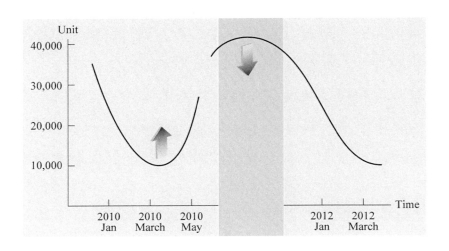

▶**圖 4-2**

平準化生產的目的是把負荷的波峰與波谷的變異幅度降低，也就是拉近波峰與波谷的差距

平準化生產之先決條件

平準化之先決條件
— 重複生產
— 零存貨
— 多能工
— 與供應商
　關係和諧
— 產量一定

工廠或生產線實施平準化生產前必須做到下列的先決條件：

1. 必須是重複性生產。

2. 存貨水準必須降到零。

3. 現場作業人員必須是**多能工** (Multi-functioner)。

4. 與協力廠商間的合作關係必須和諧。

5. 一定生產期間內之產出量為固定。

平準化生產的實施

平準化生產之配套措施
— 多功能機
— 縮短前置時間
— 彈性製造系統

若企業之生產已達到平準化生產之先決條件時，門田安弘建議還要採取下列配套措施作為實施平準化生產之準備：

1. **多功能機**：在專用機器上改裝使成為多功能機。

2. **縮短生產之前置時間**：從加工時間、等待時間、搬運時間等之改善來縮短前置時間，包括：

(1) 加工時間：JIT 採節拍生產，故各製程之裝配加上搬運時間需大致相等，為達此目標，U 型生產線、培訓多能工等都是配套措施。

(2) 等待時間：某個製程者因為等待之關係無法進行平準化生產，我們就要追究原因：

➡ 如果等待是因為前一製程之每批數量太大造成的，那麼每批搬運量就應盡量最小化。

➡ 如果等待是因為前一製程作業人員技能差異過大使得線上之生產速度太慢，那麼就要進行作業標準化並對技能差者施予教育。

(3) 搬運時間：根據現有製程、工序，檢討設施布置是否有重新規劃之必要；或者是引入輸送帶、叉式起重機以縮短搬運時間。

3. 採用**彈性製造系統** (Flexible mannfacturing system, FMS)。

學習地圖
FMS → 6.5 節

▶圖 4-3
叉式起重機

一個流生產

當我們建立了平準化生產方式後，接著就要開始用一個流生產方式進行產製。豐田汽車公司稱一個流生產為**循序生產** (Sequential production)，也就是日本人習稱之 1×1 生產方式。

所謂一個流生產是指每次只有一個工件從一個製程移到下一個製程。換言之，每次只允許加工一個工件、流動一個工件，因此惟有在沒有品質不良、機器故障、停機帶料等生產問題的前提下才能付諸實施。

一個流生產
一次 $\left\{ \begin{array}{c} 生產 \\ 運送 \end{array} \right\}$ 一個工件

實施一個流生產可使生產線上之問題都得以立即浮現，如此便可透過改善活動來解決。因此不論是導入 JIT 或進行現場改善活動，都要從一個流生產著手。

Q. 何謂一個流生產？它有何重要性？試簡要說明之。

廠商實施一個流生產時，通常不需使用大型化設備，日本有些企業甚至自行設計製造生產所需要的設備，因此一個流生產方式之設備購置成本比大量生產少很多。

已有大型生產設備或高速生產線的工廠在導入一個流生產時，通常會另外增加一條生產線（以 U 型生產線最為常見）來專門處理小訂單或急訂單之用。

多能工與少人化

Q. 何謂多能工？

近年來在不景氣的壓力下，日本企業也不得不逐漸調整其用人政策，終身雇用制度也漸漸被打破，從而醞釀出一些新的用人趨勢，包括：跨層級拔擢人才、員工以績效作為考評依據，而不像過去只重視年資或學歷。近年來一些日本企業雇用部分時作業人員（派遣人力）或臨時工等。

多能工

因為一個公司要先做到**平準化生產**後才能轉換為 JIT，而**多能工**是實施**平準化生產**必要的配套，因此**多能工**在 JIT 中極為重要。JIT 所稱之多能工並不是字義所稱的具有多項能力的人而是具有同一工作站鄰近作業員所需之工作能力，以便在生產過程中能互相支援。日本終身雇用制度使得員工之在職訓練 (OJT)、工作輪調等制度均得以落實，這制度都有利於多能工的養成。R. Schonberger 指出，日本一家公司只有一個企業工會，不像美國工廠內可能有好幾個不同的職能工會，如果一個電焊工充任車床工作，可能會引起車床工會的干涉，結果車床工只能管車床，因此他只要會車床這項技能就好，在這種情形下當然無法培養多能工。

少人化之先決條件
├─ 多能工
├─ 適當之設施布置
└─ 標準作業

少人化

少人化是根據生產節拍來調整生產線上之作業人數。豐田公司的少人化是採取彈性調整現場作業人數以適應生產需要的一種做法，因此，作業人員必須有「多工程操作能力」。依據門田安弘的看法，少人化的先決條件有三：1. 多能工；

2. 適當之設施布置（如豐田公司之 U 型生產線）；3. 標準作業要不斷檢討與修正。

少人化與省人化是不同的。省人化是指採自動化生產設備後，就可減少生產線上的作業人數。JIT 的實踐者是不贊同省人化。

Q. 少人化與省人化有何不同？

Production and Operation Management

快速換模─日本人在工業工程界最重要的革新性概念

「模具工業」常被稱為工業之母，因為大到飛機機體、汽車引擎、小到電腦機殼、路邊攤的車輪餅到處都要利用到**模具**（Die 或 Mould）。早期機械工業之換模都是用手工的方式來鎖模、拆模，不僅費時、費力也比較危險，尤其是那些供製作大型工件之模具。有人估計當時用 4 小時換模是必要的。今日少量多樣生產的製造環境下，製程中換模非常頻繁，因此發展快速、安全的換模作業方式，實有迫切需要。

上世紀 50 年代初期，新鄉重夫 (Shigeo Shing, 1909~1990) 發展**快速換模法**或稱為 **10 分鐘換模** (Single minutes exchange of dies, SMED)。英文的 Single minutes 意味著換模要在 10 分鐘內內完成。1970 年豐田公司就成功地將換模整備時間縮短到 3 分鐘以內。後來日本又進化出**單動換模** (One-touch exchange of die, OTED)，將換模時間壓縮在 100 秒內，難度顯然更高，在歐美類似的換模要花二小時甚至一天不等，日本之單動換模近乎神乎其技。

快速換模之要點

依據換模時整備操作是否需要停機，可分內部整備與外部整備兩種：內部整備是指只有在機器停下來的時候才能進行換模，外部整備則是機器運轉時也可同時換模。因此快速換模法的訣竅就在於盡可能把內部整備轉換轉變為外部整備。

門田安弘認為要實施快速換模在步驟上要逐步改正：

- 將換模整備操作區分成內部整備轉與外部整備。
- 將內部整備轉換轉變為外部整備。
- 免除一切調整程序。
- 完全免除整備操作。

快速換模之導入

學習地圖
PDCA → 9.2 節

快速換模在導入時可先成立專案小組並準備快速換模法以品質管理的 PDCA 方式推動：

1. 先從檢討有代表性的或挑戰性的作業入手，記錄切換的詳細過程、各種量測數據與特殊事件。
2. 設定改進切換時間的目標值（目標是將切換時間降為 4 分鐘以下）與方法。

近來的 5W2H
5W2H=5W1H+how much（多少），強調成本

3. 設定改善的方法，透過 5W1H 分析方法（Why：為什麼要進行操作；Where：在什麼地方進行操作，內部還是外部；When：何時進行該操作，操作順序為何；Who：進行該作業所需之技能要求及參與之人數；How：找出進行該作業的方法，以及是否有更好的方法；What：是否需要其他資源工具、零件）。
4. 分析所有行動，建立清楚而精確的切換標準作業。
5. 培訓操作人員熟稔標準化切換操作。

4.3 及時生產之關鍵做法（二）

標準作業

　　JIT 實踐者認為建立標準作業是改善的第一步，所謂標準作業就是以人的動作為中心，有效地結合人（作業人員）、機（機具設備）、料（物料、零組件）以創造出一個沒有浪費的作業方法。標準作業一旦建立後，現場必須徹底遵守，以確保現場能以安全的、不浪費的加工順序進行高效率的生產活動，同時也可做為管理及改善之依據。標準作業有四個要素：

Q. 簡述何謂標準作業。

1. **生產節拍**：由生產節拍找出作業上浪費的地方，從而可以作為改善的依據與切入點。

2. **作業順序**：作業順序包括作業人員兩手的動作、目視的位置 (如機械組件之對焦等)、工作要領等，若作業順序不對、疏漏或錯誤，往往會影響品質甚至釀成工安事故。

3. **標準工具**：明訂作業人員工作時應使用之標準工具，以使作業人員能正確地、安全地操作。

4. **在製品標準存貨**：WIP 標準存貨是指生產線上為了生產需要所保有最少的 WIP 數量，以免線上有過多存貨。

標準作業
　├─ 生產節拍
　├─ 作業順序
　├─ 標準工具
　└─ WIP 存貨

WIP：在製品。

落實標準作業

　　落實標準作業之途徑大致有：

Q. 如何落實標準作業？

➡ 線上的領班、工程師本身應熟悉標準作業的內涵，並有指導作業人員接受標準作業之實力與能力。

➡ 線上的領班、工程師必須時時督導作業人員恪守標準作業之各項規定，若作業人員有不合乎要求的動作、裝備等都要及時糾正與輔導。

➡ 養成用事實與數據思考的習慣。

➡ 時時不忘改善，並將改善的結果修正在新的標準作業裡。

因此標準作業不僅為現場建立了一個改善的平臺，現場持續改善的**基線** (Baseline)，有助於平穩化生產。

標準作業文件

實施標準作業後要備有兩種重要文件：

1. **作業指導書**：作業指導書是指導作業人員執行標準作業之書冊，內容除標準作業外還包括品質、安全等要點。一位新手只要按照作業指導書指示的步驟就能操作機器或進行作業。作業指導書大約相當於**標準作業程序** (Standard operation procedure, SOP)。

   一旦建立 SOP 後，必須時時檢討，將新的法規、標準或新的工法納入，或將不合時宜的修正或剔除掉，否則 SOP 會變成 Stupid operation procedure。

2. **標準作業票**：標準作業票是根據最基層的工作，摘錄作業指導書中與工作有關的部分，用 A3 大小的紙張貼在工作場所明顯處，管理者可方便地查考現場作業人員在作業時是否符合標準作業規定。

作業標準≠標準作業

我們有時會被另一個名詞「作業標準」搞混，作業標準是每個作業者進行作業的基本行動準則，標準作業應該滿足作業標準的要求，因此兩者是不同的。

Q. 比較標準作業與作業標準。

5S 活動

　　5S 活動是日本現場管理最基本也是最重要的日常工作。**整理**（日文せいり；Seiri）、**整頓**（日文せいとん；Seiton）、**清掃**（日文せいそう；Seiso）、**清潔**（日文せいけつ；Seiketsu）與**教養**（日文しつけ；Shitsuke），這五項活動的英文拼音第一個字母都是 S，因此上述五個活動就合稱為 5S 活動或逕稱 5S。西方也有人將 5S 用相應之英文來表示，那是另一種 5S 的表示方式：

1. **整理**：將現場之事、物區分為「要的」與「不要的」兩類，然後把「不要的」部分盡快處理掉，除可保有清爽的工作場所外還可以防止誤用、誤送。西方人也稱整理為**分類** (Sort)。

2. **整頓**：整理後將「要的」的事、物妥善地定位與定量並予以標識，以利日後可以迅速取得。整頓有三定：定點、定容（用什麼容器、顏色）、定量。西方人也稱整頓為定位 (Straight)。

3. **清掃**：將工作場所、辦公室之髒亂和垃圾掃除掉，機器設備若有損壞時應立即修護到可用狀態。西方人也稱為清掃刷洗 (Scrub)。

4. **清潔**：將工作場所、辦公室經常保持乾淨、舒適和可用狀態。西方人也稱清潔為制度化 (Systematize)。

5. **教養**：工作者養成良好的生活及工作習慣，並遵守公司紀律。西方人也稱教養為標準化 (Standardize)。

　　5S 不僅是 JIT 之先決條件，更是現場合理化的基礎。在臺灣，不論是否有導入 JIT，5S 都是耳熟能詳的一項現場活動。

5S
├── 整理
├── 整頓
├── 清掃
├── 清潔
└── 教養

整頓三定：定點、定容、定量。

目視管理

　　排除浪費之先決條件是要使現場的每一位作業員都能很快、很清楚地看到浪費之所在，然後才有可能澈底地清除浪費。因此現場完成 5S 後接著就要進行**目視管理** (Visual management)。**目視管理**是利用看板、圖表、電子屏等方式讓現場人員能即時而清晰地了解生產線狀況及生產的重要資訊。生產線有異常時能立即發出警訊、以便現場人員能迅速地排障並恢復正常運作。因此實施目視管理時，必須完成 5S，否則現場一片狼籍，那就無法實施目視管理。現場舉凡**人員** (Manpower)、**機器** (Machine)、**材料** (Material)、**方法** (Method)、**量測** (Measurement) 有異常時都能用目視的方法察覺出來：

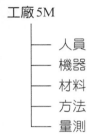

工廠 5M
├─ 人員
├─ 機器
├─ 材料
├─ 方法
└─ 量測

1. 人員：**士氣**如何？出勤狀況如何？現場作業人員是否按規定正確地佩帶安全帽、工作服、安全鞋以及其他規定之安全裝備？

2. 機器：機器生產的工件是否符合品質標準？機具設備之日常保養是否落實？機器運轉時是否有異樣的雜音？滑油之液位、更換頻率是否正常？停機是因為例行保養還是機器故障？換模還是產品品質異常？管線是否有作色彩標記？是否有流材流動方向的標誌？**閥** (Valve) 開關處是否有**開** (on) 或**關** (off) 的標誌？

3. 材料：物料是否符合規範？供料不正常時，是否用燈號或蜂鳴器示警？不良品、報廢品或下腳料是否用不同的容器分別裝放並有明顯的標誌？物料流動是否流暢？是否有過多材料存貨？

4. 方法：是否將標準作業票張貼在每一個工作場所的明顯
   處？現場作業人員在作業時是否有不符合標準作業的地
   方？

5. 量測：精密量測設備是否有定期校正？重要儀錶上對正
   常作業範圍是否有清晰的標誌？馬達上是否貼有感熱紙
   以感測馬達運作時有無過熱？

▶圖 4-4

於管線之接頭、
歧管、閥門處以
標誌及流向標示

色彩管理

　　色彩管理是目視管理極為重要的手段之一，實施色彩管理之先決條件必須是光線充足、視野清晰。色彩管理實踐上是很活躍的，原則上標記的顏色與背景須有一對比，如藍底黃字，那麼作業人員即使在很遠處也能一目了然，又如化工廠裡之管線並排，在管線上可用不同顏色、箭頭表示管內流質之種類及走向，這在避免流質不當混雜或工安事故之防範上非常有用。現場作業人員應熟稔顏色所代表的意義。顏色所代表的意義以及各種標誌應該是全公司一致。

燈號

　　燈號（日文漢字行燈アンドン，英文拼音 Andon，或譯為警示燈）是另一種重要的目視管理工具，當設備故障或生產有異狀時，燈號便會亮起，有時還會配有蜂鳴器，以提醒設備維護人員或現場作業人員盡速解決。

▶圖 4-5

燈號

看板—及時生產的神經網路

　　看板（日文かんばん；Kanban）是豐田公司於 20 世紀 50 年代創造出來的一種重要的目視管理工具，看板上有下一

製程所需要物件的名稱、數量、規格、何時要等重要生產資訊，因此**看板**就是製程間傳遞資訊的載體。沒有看板，JIT便無法推動，因此**看板**是 JIT 的最重要工具，正因如此 JIT 常被人誤稱作看板生產方式，其實**看板**只是 JIT 的一個重要手法而已。

看板的種類

看板的形式、功用是多樣的，**領取用看板** (Withdraw kanban) 與**生產用看板** (Production kanban) 是其中兩種最基本的看板：

1. 領取用看板：「領取用看板」記載後製程從前製程領取 WIP 的種類與數量以及運送之起訖點。領取用看板可供製程進行加工、多工程生產線或向供應商領料配件用。

2. 生產用看板：「生產用看板」記載前製程向後製程生產製品的品項與數量，因此這類看板顯示出產品是什麼？何時生產？生產多少？生產用看板可供製程間搬運。其他還有為臨時生產目的而設置之臨時看板也是常見之生產用看板之一。

看板操作的六個規則

門田安弘建議看板操作時應該謹守以下六個規則，否則極易流於形式，甚至會是「阻礙達到目的之兇器」：

1. **不把不良品送到後製程。**

2. **後製程在必要時候來領取必要數量：**

➡ 沒有看板不得有任何領取的動作。

➡ 不能領取看板張數以上的數量。

看板操作六規則

— 不把不良品送到後工程部門

— 後工程部門在必要時候來領取必要數量

— 前工程部只生產後工程部門領取的量

— 使生產平準化

— 看板是微調整的手段

➡ 現場的東西一定要掛（附）上看板。

Q. 看板操作有哪些
原則？

3. 前製程只生產後製程領取的量：

➡ 不能生產超過看板張數以上的數量。

➡ 按看板收到的順序依次生產。

4. 使生產平準化：我們已在上一節詳述故不贅述。

5. 看板是微調整的手段：現場人員根據看板指示進行生產、搬運作業。現場作業偏離平準狀態時，如果產量變化幅度較小（例如在 10% 以內），通常只要稍微調整看板循環的速度即可。如果變化幅度較大（例如超過 10%），就要用臨時看板或增加看板數量來因應，一旦恢復正常後，就要收回這些看板。

6. 看板使工程穩定化、合理化：看板可使生產平準化並可作為現場微調整的手段，故看板可作為工程穩定化、合理化的工具。

值得一提的是，作業合理化是一件很重要的事。依日本製造業的經驗，作業標準化前必須先推動作業合理化，惟有如此才能確保標準化能得以落實。在臺灣很多製造業者都在推動作業標準化，但最後卻落得聊備一格，追究其原因就在於標準化前未能做好合理化這一塊。

看板功能

── 傳遞工作指令
── 防止生產運送過量
── 目視管理
── 現場改善

看板的功能

經過近 50 年的發展和完善，看板在生產、運送指令的傳遞都發揮著重要的功能，同時由看板操作的六個規則，我們可推知看板有以下功能：

1. **看板是傳遞生產及搬運工作指令**：各製程都根據看板上的指示來進行生產及搬運。因此傳遞生產及搬運之工作指令是看板最基本也是最重要的功能。

2. **看板能防止過量生產和過量搬運**：因為「沒有看板不能生產，也不能運送。」是看板管理的一項鐵則，因此看板自然可用作防止現場過量生產、過量搬運之重要工具。

3. **看板是進行「目視管理」的利器**：因為「看板必須附在實物上」、「前製程按照看板取下的順序進行生產」之運作規則下，上製程的作業人員由看板可對下一製程以及本製程的生產情況如產能、存貨以及人員的配置等一目了然。

4. **看板是現場改善的工具**：看板數量的減少意味著製程間存貨的減少。因此可藉由持續地減少看板數量來降低存貨，好使生產問題一一浮現，因此透過減少看板的數量可以實現現場的改善功能。透過改善，不僅可以解決生產上的問題，還可強化生產線的體質。

Q. 列舉看板在現場管理之功能。

4.4　及時生產導入與未來發展

「不管什麼目標都減半」的主張，
因為難以達到，所以才有可能出現新的思考模式及作法，
如此改善之效果才能落實。

大野耐一

我們對 JIT 已有了初步的理解，那麼企業導入及時生產的時機是什麼？如何導入，它的策略是什麼？有哪些**關鍵成功要素**？有哪些預期利益？這些本節要討論的課題。

及時生產導入的時機與策略

學習地圖

TPM → 7.4 節
TQM → 9.3 節

日本企業只有在**全面維護保養** (Total production management, TPM) 和 全 面 品 質 管 理 (Total quality management, TQM) 已經有相當基礎後，才會進一步考慮導入 JIT。

根據門田安弘的研究，企業為了確保導入 JIT 成功，多會採取以下策略：

Q. 企業為了確保 JIT 導入成功，會採取哪些策略？

➡ 先從降低前置時間著手，當面臨生產瓶頸或有不良品出現時，要取得作業人員的協助。

➡ 從最後製程開始逐步向前推動，確認一個製程成功後才再向前製程推進，穩紮穩打。

➡ 最後將供應商納入系統，首先要確認有哪些供應商有意導入 JIT，然後輔導他們導入 JIT。

即時生產在導入時之障礙

JIT 在導入時並非無往不利的，常見的障礙有：

1. 高階主管不願做出承諾且不支持，員工和管理者無法由互信而建立合作關係。

2. 企業文化上之藩籬，這在習慣以大量存貨來解決顧客需求之企業。

3. 供應商不願配合，原因很多，如買方不願協助供應商納入系統、批量小及交貨頻仍對供應商是一大負擔，尤其品管責任由供應商負責及負擔買方可能的工程變更等。

及時生產成功導入關鍵成功要素

　　JIT 在導入之初，難免會與現場人員根深柢固的經驗、觀念或作業慣性有所衝突，尤其是將供應商納入系統，更會使員工有成為冗員的壓力，甚至演變成抗拒。其實不論中外，員工對新的管理制度像 **6 標準差**、**流程改造** (Reengineering) 引入時，多有遭到員工抗拒的事例。這就是為什麼有些廠商在 JIT 導入初期便半途而廢的原因。門田安弘歸結一些廠家能順利導入 JIT 的**關鍵成功要素**：

學習地圖

6 標準差→ 9.6 節

Q. 指出五項公司導入 JIT 之 KSF。

1. 公司高階主管的參與和決心。

2. 教育員工了解 JIT 的基本想法、具體做法及導入 JIT 之必要性。

3. 做好觀念上的溝通並有克服任何障礙之耐心與決心。

4. 要有挑戰的企圖心與明確的**標竿**。

5. 其他的技巧，如讓員工體現「只要努力去做的話，就會成功」。在不要給員工過高的壓力和期望下，要讓員工自發性地不斷地進取向上。

及時生產的效益

Q. JIT 若 能 成 功 導入，對公司有何好處？列舉 6 項。

Q. 公司導入 JIT 之效益為何？請列舉 8 項。

學習地圖

U 型生產線→ 6.1 節

學習地圖

JIT 在採購與供應商方面的效益→ 8.3 節

如果企業成功地導入 JIT 後，它應享有以下效益：

➡ 有效降低存貨，故可節省存貨空間與減輕因存貨所造成的資金積壓。

➡ 減少採購前置時間與換模時間，降低生產中斷的可能性，故可使生產過程更為順暢。

➡ 因採 U 型生產線，故可使生產的產品組合更具彈性。

➡ 提高品質，降低不良率及重工之機會。

➡ 可與供應商建立和諧的協力關係。

➡ 鼓勵作業人員共同參與解決問題以及工作上互助之情誼，可激發作業人員之成就感與團隊精神。

及時生產未來發展方向

學習地圖

TOC： 限 制 理 論 → 1.6 節

學習地圖

工廠自動化→ 6.1 節
CAD/CAM → 6.2 節
FMS → 6.5 節

有學者主張，JIT 未來應採與 TOC 整合的生產模式。那就是生產架構採 TOC，改善手法採 JIT，也就是先以 TOC 的想法先找出**瓶頸**，同意將少量存貨放置於瓶頸前作為**緩衝**，以避免將整個系統績效拉下，同時可藉**一個流**、**多能工**、**標準化**等手法來提高效能。相信透過這些理論的實地驗證，產銷不平衡的問題都可以迎刃而解。此外門田安弘認為 JIT 未來發展方向有將**工廠自動化** (FA)、彈性製造系統 (FMS)、**工業機器人** (IR)、電腦輔助設計／製造 (CAD/CAM) 這些元素加入。

大師群像—大野耐一

　　1943 年大野耐一 (Taiichi Ohno, 1912~1990) 到豐田自動車工業株式會社服務。期間他有以下的貢獻：

1.　**生產線的整流化**：大野耐一將福特汽車公司之「以設備為中心進行加工」的生產方式改變為「根據產品的加工工藝來做設施布置」，如此生產線便可進行**節拍生產**。

2.　**拉式生產**：本章對拉式生產之意義與作法已有詳細說明，故不贅述。這是大野耐一從美國超市的取貨所受到之啟發；據一般了解其實他根本就沒有見過美國超市，對美國超市只是聽說而已。

　　戰後，日本從歐美進口了很多自動化設備，但每個機臺邊都配備一名作業人管，以便故障時可以立馬叫修。大野耐一想：買來了自動機械，要怎麼做才不須有人在旁監視呢？他想到了豐田創始人豐田紡織豐田佐吉 (Toyoda Sakichi, 1867~1930) 的發現：原來豐田汽車的前身是豐田紡織，以前的織布機在織造時，一根線斷了或用完了，如果沒人發現就會出現大量的不良品。豐田佐吉 1926 年研製成功了一種能夠在設備運作時能自動停車的裝置也就是所謂的具有「智慧」的自動織機。

大野耐一受此啟發，將感測器裝到機臺上，後來又在各個機臺裝設指示燈，馬上就可以知道異常之所在並停止所有的製程，這樣問題立刻就會浮現出來，所有的人就都會設法去盡快解決。

　　大野耐一常在車間就一個問題反復地向作業人員連問五次為什麼，直到令他滿意為止─這就是後來著名的「**五個為什麼**」(Five why)。

　　1985 年麻省理工學院教授詹姆斯·沃麥克之《改變世界的機器》是全球第一本由西方人深入探討豐田汽車管理模式的書籍，是美國人第一次把豐田生產方式定名為 Lean Production，即精實生產方式。這個研究成果掀起了一股學習精益生產方式的狂潮迄今仍旺。

及時生產在臺灣

　　臺灣的廠商如臺灣寶成工業、捷安特股份有限公司、豐泰企業、Acer 宏碁亦相繼推行 JIT，臺灣公司所實施的 JIT 較強調於存貨的降低。實施 JIT 後，於存貨、品質等各方面皆獲得改善。

CHAPTER

05

產品規劃與設計

PRODUCTION and OPERATION MANAGEMENT

本章學習重點

5.1　產品生命週期下之產品規劃

產品生命週期各階段之特徵及生產部門在不同階段可能採取的規劃與策略

5.2　近代產品開發概念

1. 新產品是什麼及其發展之方向
2. 了解產品設計之必要性
3. 電子零組件對產品設計之應用

5.3　近代新產品開發與設計哲學

1. 了解循序工程之意義及其缺點
2. 了解同步工程之內涵及應用成果
3. 了解田口玄一對產品品質變異的想法
4. 穩健設計之意義與目標
5. 穩健設計之目的在解決產品哪些問題
6. 模組化設計意義及其優缺點

7. 反向工程的意義及其優點
8. 價值工程的意義與應用時之原則
9. 可靠度的意義與基本的靜態分析
10. 提升產品之可靠度
11. 區分 MTBF、MTTF 的意義
12. 了解 FMEA

5.4　研究發展

1. 了解微笑曲線
2. 了解維持性創新與破壞性創新
3. 了解製造廠商取得技術之策略
4. 了解智慧財產權除收取權利金也可藉由訴訟來排除對手智慧財產權

5.1 產品生命週期下之產品規劃

每一個成功的新產品都是走向下一個成功新產品的階梯。

彼得・杜拉克

產品生命週期

一個人自出生歷經青少年、中年、老年到死亡,不同的生命階段都有不同的人生規劃與奮鬥目標。產品也一樣,產品在不同的階段各有不同的規劃與策略,**產品生命週期** (Product life cycle, PLC) 大致可分為五個階段,從產品生命週期曲線可看出產品在各階段的銷售與利潤的關係。生產部門在不同階段各有不同之因應策略:

1. **規劃期 (Planning)**:在此期間,企業要整合設計、生產、行銷等部門來進行產品規劃,像同步工程、反向工程等都是常用的手段。

2. **導入期 (Introduction)**:新產品上市初期,多少會有一些所謂產品早期的缺陷,因此這一時期之生產部門除要解決產品之早期缺陷外,還要處理客訴以及保固等問題。

3. **成長期 (Growth)**:此階段市場上會出現新的競爭者,生產部門要將產品作一改善來迎戰這些新來的競爭者。

4. **成熟期 (Maturity)**:產品邁入成熟期後,市場上會出現更多的競爭性產品,競爭也越來越白熱化,此階段之生產部門會藉由持續地改善產品之品質、式樣等以為因應。

5. **衰退期 (Decline)**:產品進入成熟期後,市場上已有新的產品出現,足以威脅到現有產品的生存,這時企業須在製程或產品上之改善與開發新產品間做一決擇,同時企業會綜合考量現有產品的市場占有率、利潤、成本等因素後採取一些策略,例如:

學習地圖
同步工程、反向工程
→ 5.3 節

Q. PLC 可分哪幾個階段,生產部門在各階段有哪些因應策略?

147

➡ 維持現狀。

➡ 全面降低產品成本、售價以賺取短期利潤或將損失減到最低。

➡ 將產品自生產線剔除並退出產品市場；或將產品賣給其他公司。

並不是所有的產品都會歷經上述五個階段，有許多新產品上市不久就告夭折。有些產品在 PLC 每一個階段的特徵未必明顯，可能在某一個期間內兼有 PLC 不同階段的特徵。同樣的產品在同一期間不同的市場也可能會處在 PLC 不同的階段。我們無法精確得知產品何時會結束，但行銷經理應該有能力做出推斷並知會相關部門（包括生產部門）採取因應對策。

一個產品處在它生命週期的位置以及它移到下一個階段的速度，都會影響到企業之產銷策略與規畫。產業在產品生命週期各時期之**關鍵成功因素**都不同，例如：

▶圖 5-1

產品生命週期之銷售與利潤之關係

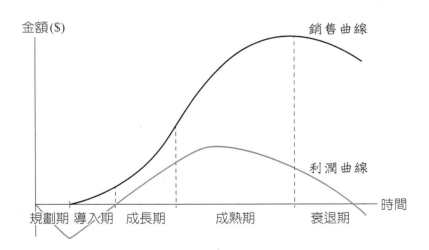

➡ 高科技製造業：在導入期與成長期以產品之科技的成分
和創新的程度最為重要，到了成熟期則以系統整合能力
與製造能力最為重要。

➡ 消費性製造業：在導入與成長期以行銷和配銷能力最為
重要，到了成熟期與衰退期則行銷與製造能力最為重要。

5.2　近代產品開發概念

一個成品並非設計的終點，反而是接受檢驗的起點。（佚名）

　　新產品開發與產品設計哲學息息相關，本節就先從新產品的意義以及產品設計之重要性說起然後再談到產品開發設計的基本概念。

新產品是什麼

Q. 科特勒將新產品分成哪幾種類型？

　　新產品是什麼？學界與業界都有不同的說法，行銷大師科特勒 (Philip Kotler, 1931~) 將新產品分成下列四種型態：

1. **原創性產品** (Original product)：原創性產品在材料、功能、設計等方面與現有市面上之任何產品比較下有相當程度之原創性。

2. **舊有產品之改良** (Improved product)：這是藉由提升原有產品之品質、性能或改變原有產品之外形而呈現之一種新的產品。

3. **替換新產品** (Modified product)：這是在原有產品之基礎上使用新的材料、新的零組件而產生之另一種產品。

4. **新品牌** (New brand)：這是企業為打入已存在的產品市場所推出之產品。

　　一般而言，新產品之發展大致有以下幾個方向：

1. 多功能化：擴大原產品之功能以及使用範圍。例如：蘋果的 iPhone 除了保有手機的功能外，還能用來聽音樂、看影片，涵蓋了傳統家電的範疇。

2. 合成化：將功能相關之單一產品合併在同一產品內。一個經典的例子是 1858 年美國李普曼因為把橡皮擦嵌在鉛筆尾部，據說他還為此取得了專利。

3. 簡化：模組化設計或其他可減少產品之零組件設計，是簡化產品結構的主要途徑，它可創造出較好的**可製造性** (Manufacturability) 以及**易製性** (Easy to produce) 之生產條件，因此簡化產品之結構不僅利於生產，降低產製成本，同時也易於維修而利於產品的行銷。

4. 微型化：將原產品之體積變小或重量變輕，朝向「短小輕薄」，以便攜帶、操作。日本產品的一大優點就是微型化，這也是日本的 3C 產品一度稱霸國際市場之原因。

3C：電腦 (Computer) 及其周邊；通訊 (Communications)，手機為主；以及消費電子 (Consumer electronics)。

產品設計之重要性

產品設計之結果會直接影響到產品之品質、製造成本、顧客滿意度等面向。

1. 從產品品質之角度觀之：品質管理有一句名言「品質是設計出來的」，產品在製造過程中，通常只會削弱原先設計的品質水準，並不會改善產品設計時要求的品質；因此設計或製程上之任何瑕疵，都會讓產品品質的問題逐漸擴大，以致廠商必須進行修補，不僅耗用大量成本，甚至有延宕上市或失去市場競爭力之風險，因此產品在設計上應力求嚴謹。

Q. 試述產品設計對品質之影響。

2. 從產品製造角度觀之：產品設計的結果會影響到產品的產製活動，譬如產品的材料或外形決定了要用何種生產設備或工法來進行產製。此外設計上還必須滿足可製造性，若設計出之**原型** (Prototype) 無法通過商業量產那一關，那設計不過是設計部門的的一個構想而已。美國人發明影印機，就是因為無法量產而無法上市，但日本人取得這項技術後因為能開發出量產技術而成功上市。

學習地圖

QFD → 9.4 節

3. 從消費者滿意度觀之：現代產品設計的新趨勢是在設計階段便將**消費者的心聲** (Voice of customer, VOC) 納入設計，我們以後談的**品質機能展開** (Quality function deployment, QFD) 就是將消費者心聲納入設計的一種設計方法。據說，寶鹼品 (Procter & Gamble, P&G) 為了開發墨西哥地區之洗衣精市場，曾派專人到墨西哥居住一陣子，希望能了解該國婦女對洗衣精之偏好，結果發現墨西哥婦女在使用洗衣精時，特別關切洗衣過程中是不是有大量的泡沫。泡沫多了就要用更多的水去把這些泡沫清掉，但當地普遍缺水，因此在產品設計上必須兼顧到產生泡沫同時用水要盡可能少。反之：如果有一個市場的婦女不喜歡有泡沫的洗衣精，那麼配方就要改變了。

4. 從市場競爭的角度觀之：新產品極易被對手仿製甚至超越，再加上多變的市場環境，都迫使企業必須持續地開發新產品，以維持企業經營的活力與競爭力。美國杜邦在發明尼龍時就已著手研究合成纖維，目的就是迫使潛在的競爭者即便有能力將尼龍或其替代品開發上市，亦無利可圖，這樣的策略下，杜邦現今仍是世界最大的合成纖維製造商。因此要防止自己被對手打敗唯一的方法就是就是再設計新產品好取代自己的現有產品。

5. 從行銷角度觀之：產品之市場定位也會影響到設計，美國 Ampex 公司發明錄放影機，起先由美國 RCA 與荷蘭飛利浦取得產製技術，他們都把錄放影機定位為播音室專用之工業用品，因此售價很高，後來日本取得產製技術，將錄放影機定位為家電用品，朝家庭用、低價位之方向進行產品設計，而普及到許多家庭。這是一個常被教科書引述的一個例子。

6. 從法令角度觀之：政府或一些國際標準機構新的規定或公司產品之輸入國的規定或**標準** (Code) 都可能迫使廠商必須調整其原材料、產品規格、成分等。如食品中某些添加劑（色素、防腐劑…）有致癌成分而被衛生福利部禁用，此時必須另覓替代品，造成原來之配方甚至製程也必須隨之改變。

產品設計的基本原則

產品設計有一些基本原則，如：

1. 盡量減少零組件的數量：應用**模組** (Module) 或共用性的零組件組裝應是一個可行的方向。

學習地圖
模組→ 5.3 節

2. 3S 原則：產品單純化、零組件標準化、作業專門化。3S原則是產品走向可製造性、易製性之可行途徑。

3. 設計**穩健化**（Robust；中國大陸直譯為魯棒）：讓產品有更寬廣之適應性。

學習地圖
穩健設計→ 5.3 節

4. 永續設計：**永續設計** (Sustainable design) 是設計上的趨勢。企業採永續設計有成本、環境與環保規範等之考量，永續設計有所謂的 3R 原則：

學習地圖
價值分析→ 5.3 節

(1) **減量** (Reduce)：利用**價值分析** (Value analysis) 的方法檢視產品在設計上是否有過多的功能？在相同的產品功能下，零組件是否還能簡化？

(2) **重新使用** (Reuse)：這是將舊產品壞的或不堪使用的零組件移除後再組裝成新產品，重新使用設計的產品須滿足**可拆解設計** (Design for assembly) 的要求，因此它是製造業的**重新製造** (Remanufacturing)。

(3) **資源回收** (Recycle)：將舊產品拆解與零組件回收重新使用的產品設計。這種設計也稱為**配合回收設計** (Design for recycling)。

新產品開發之過程

新產品開發之過程一般可分構想產生階段、構想篩選階段與設計階段，我們將各階段之工作重點作一簡介：

1. **構想產生階段**

新產品構想之來源是多元的，例如：

➡ 銷售人員與消費者之訪談、客訴。

➡ 經銷商或推銷員提供之消費者需求。

➡ 企業內部，包括：研究發展部門研究之成果、品管圈或提案制度等。

➡ 透過**反向工程**等手段獲得競爭對手產品的資訊。

➡ 法律或法規上之規定，逼得產品不得不重新設計。

➡ 實驗室或無意中發現，如 1928 年，英國倫敦大學細菌學教授弗萊明 (Alexander Fleming, 1881~1955) 為進行葡萄球菌的研究，在實驗室之培養皿上培養大批的金黃色葡萄球菌，數個月後，卻意外發現該培養皿有一塊黴菌，但其週圍不見有任何細菌，弗萊明因而聯想到黴菌可能會殺死細菌或抑制細菌的生長，盤尼西林（Penicillin，又稱青黴素）從此問世。這種無心插柳柳成蔭的例子很多。

學習地圖

反向工程→ 5.3 節

Q. 企業如何對新產品諸多構想中做一篩選？

2. **構想篩選階段**

企業必須從構想產生階段萌生之方案中依製造與管理兩個面向進行篩選：

(1) 製造方面：產品設計之構想是否有違反工程原理？對現有之工程技術而言是否可行？設計構想付諸產製時，是否需要一些外插延伸之技術，而這些技術是否可以經由商業途徑來取得？是否會產生製造上之風險？是否有易製性、低製造成本等競爭利基？

(2) 管理方面：產品設計之構想是否與企業目標和策略相契合？新產品之價格與功能相較下是否對消費者具有吸引力？企業是否有行銷此產品之能力和經驗？配銷通路又為何？新產品方案尚需哪些管理資源來配合，尤其是財務、行銷人力上之配合？

3. **設計階段**

在設計階段，設計工程師必須備妥以下之資料供生產部門進行製造：

(1) 工程藍圖（包括**總圖** (General draw)、細部藍圖等）、工程說明書，甚至製作模型來補強說明。

(2) 功能需求分析：有許多不同的方法可用來探索與分析新產品的功能需求，系統分析是其中的一種。系統分析是根據市場對新產品之定位與需求，確定新產品設計上哪些是主要功能、哪些是附屬功能，確認每個功能之投入與產出以及每個功能間還需要有哪些介面以使得產品之功能間能縝密地展開，如此便能建立完整而邏輯地建構出產品功能需求。

(3) 零組件分析：有了產品功能需求分析後，就要知道這些功能背後需要有哪些零組件來支撐，因此產品零組件分析包括零組件之功能及需要哪些零組件的搭配才能發揮產品的功能？零組件之使用壽命、製造成本、自製或外

購（即哪些零組件需自製？哪些需外購？），若屬自製需指出加工方法，外購則需有**廠商名冊** (Makers list) 以及可能風險等，這些都是必要的資訊。

(4) 材料分析：有了零組件分析後緊接著是將主要零組件之現有以及潛在可用的材料一併進行分析，包括：材料之理化性質（如導電性、震度、彈性、硬度…）、加工方法、加工容易度、價格以及材料來源等等。在材料分析時，**價值工程** (Value engineering, VE) 是個可用的方法。

學習地圖

VE → 5.3 節
　　（工程設計）
　　8.2 節
　　（採購）

(5) 法規分析：新產品必須符合法律或**標準** (Code) 規定，例如營建業者必須恪遵建築法規，食品業者必須遵守衛福部對食品添加劑之規定等，外銷之商品尚須考慮到檢驗標準，如臺灣中央標準局之中華民國國家標準 CNS，日本之 JIS，美國之 UL 等，當然也包括輸入國家的法律規定、產品檢驗標準。尤其在製程上是否有觸及別人的專利或有抄襲之嫌的問題，往往是設計者容易忽略的部分。

(6) 造形分析：新產品造形分析除要針對產品的外形與使用者的便利性與需要性外，還要激起消費者購買慾望，產品設計師在外觀設計時會參考過去類似或同系列產品造形之演變，市場調查、公司之型錄、說明書、對手類似產品之設計、期刊都是重要之資料來源。產品設計師之美學涵養與經驗對產品外觀設計上往往有加分之作用。造形設計時，設計師可透過**電腦輔助設計** (CAD) 將過去類似之設計資料叫出稍事修改後，即可模擬出設計之結果，**人因工程**（Human factor 或 Ergonomics）在造型分析時極為有用。

學習地圖

CAD/CAM → 6.2 節

(7) 其他分析：以上這些分析在一般新產品設計時都是必備的，但有時還需要其他進一步之資訊，如可靠度分析、維護度分析等。

學習地圖
可靠度分析、維護度分析→ 5.4 節

值得一提的是，在電子工業快速發展下，電子**晶片** (Chip) 不僅多樣化同時價格便宜，產品極易因為多加一個**晶片**而創造出新的功能，這些給予產品設計師工作上莫大的方便。電子晶片占產品總成本之比率並不高，因此有些產品包含的功能竟比消費者需要的還要多得多，消費者使用時一個弄錯可能會造成整個產品變的不方便甚至停擺，所幸近來**螢幕** (On screen) 觸控設計，大大提升產品之親和力，對新產品之促銷更加有利。功能不足的產品是很容易被淘汰掉。

總之，新產品設計是科學也是藝術。

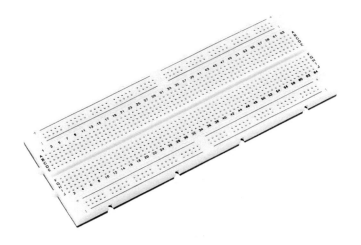

▶圖 5-2

電子零組件之基礎—麵包版

5.3 近代新產品開發與設計哲學

領袖和追隨者的區別就在於創新。

Steven P. Jobs(1955~2014)

(學習地圖)

VOC → 9.4 節

Q. 什麼是 VOC ？

傳統單純機能設計的產品在今日已無法滿足顧客的需求，因此，製造業者除了在工程技術上要求盡善盡美外，在產品開發初期更須掌握顧客的需求，因此消費者的心聲在近代新產品開發與設計上就益形重要了。本節介紹的內容在本質上多屬於產品設計哲學。

從循序工程到同步工程

傳統上企業推出新產品前，通常會先弄出原型，再交由製造部門進行**先導測試** (Pilot test)，然後進行量產，成功後行銷部門擬定促銷計畫、鋪貨、販售；如此一個階段接續下一個階段循序進行，這種產品開發的方式便稱為**循序工程** (Sequential engineering)。

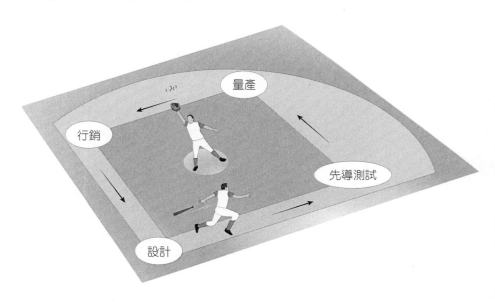

▶圖 5-3

循序工程之示意圖

循序工程的缺點有：

➡ 設計部門之產品設計成果常於生產階段才發現需要變更設計，因而拉長前置時間，增加設計、製造的成本。

➡ 新產品自開發到產製過程中，往往會因部門立場與本位主義等原因，引發部門與部門間的溝通問題甚至衝突。

➡ 設計部門研發出來之成果可能會與顧客期望有落差或不足以凌駕競爭產品，致影響產品上市後之競爭力。

同步工程

循序工程不論在速度、彈性等方面在現今市場競爭環境下處處顯得捉襟見肘，因此企業界便逐漸蘊出**同步工程**（Concurrent engineering 或 Simultaneous engineering）之概念。**同步工程**統合了公司內之設計、製造和品管、行銷人員、關鍵零組件之供應商甚至重要客戶的意見，因此同步工程本質上並非一單純的科學或工程技術，而是一種新的設計哲學。

根據 Mikell P. Groover 教授說法，**同步工程**包含了製造與裝配設計、品質設計、生命週期設計、成本設計、**快速原型設計** (Rapid prototype design, RPD) 及**持續改善** (Continuous improvement) 等要素，對提高品質、降低成本提高顧客滿意度等要求。從製造之角度，同步工程設計之成果可符合各階段加工的要求，故能減少製造期間較大幅度設計變更的可能性，縮短產品從**概念設計** (Conceptual design) 到商品量產的時程，對新產品搶先上市極為重要。

美國學者 Wheelwright 研究美、日兩國電子業的新產品時發現，日本企業只需廿四個月就能開發完成新產品而美國需卅個月，原因之一就在於日本較傾向於採取**同步工程**，而

Q. 循序工程的意義及其缺點是什麼？有什麼新的設計哲學可改善循序工程之缺點？

Q. 何謂同步工程？它對製造業有何好處？

Q. 同步工程包含哪些要素？

學習地圖
持續改善→ 9.5 節

美國企業仍在**循序工程**階段打轉 。1998 年有一份報告,列舉了美國一些主要公司推行**同步工程**的成果,包括:

➡ 縮短開發時間:產品開發縮短 60%;系統週期時間縮減 10%;微電子製造時程減少 46%。

➡ 品質改進:產品不良率減少 4 倍;現場故障率減少 83%。

➡ 製程改善:工程圖設計修改率減少 15%;試產的工程變更率減少 50%;. 存貨件減少 60%;工程模型需求減少 3 倍;廢料與再製率減少 87%。

這些統計數字並非重點,重要的是同步工程確能大大提升製造業之競爭力,這是不爭的事實。

田口方法

傳統產品設計之一些問題

變異 (Variation) 是品質問題的根源,因此產品品質變異的問題一向為設計工程師們所關切。產品在產製的過程中,往往會偏離當初設計所設定的參數、再加上消費者不當使用,使得產品偏離原先設定功能的問題更加嚴重。人們不論如何努力仍無法全然地排除產品中之這些問題所造成之影響,因此產品輸出參數不穩定的問題始終存在並困擾著設計部門與製造部門。

田口玄一對變異的想法

田口主張:提升產品品質就從參數設計著手,也就是將造成變異之因子影響極小化而不是去消除產品變異之原因。

日本品管大師田口玄一 (G. Taguchi, 1924~2012) 認為既然徹底消除產品變異的代價很高且技術困難,那麼提升產品品質就要從參數設計著手,也就是將造成變異之因子影響極小化而不是去消除產品變異之因子。然而單獨的參數設計並

不能保證想要的品質水準，它還要應用一些統計技術，其中
最重要的兩個工具是：**直交實驗法** (Orthogonal experiment)
與**信號／雜訊比**（Signal to noise ratio；S/N 比中國大陸則譯
為信雜比或訊雜比），它們都涉及複雜的統計觀念與方法。
有興趣的讀者可參閱黎正中譯之品質工程（臺北出版社）。

Production and Operation Management

大師群像－田口玄一

田 口 玄 一 (G. Taguchi, 1924~2012) 是 日 本 重 量 級 之 品管大師。田口在戰後初期任 職 日 本 電 話 電 報 公 司 (Nippon Telephone and Telegraph Company) 電子通訊實驗室經 理，負責電訊產品開發工作， 服務期間他發展出穩健設計。
他最重要的貢獻是首創田口方法。田口方法又稱為品質工程 (Quality engineering)。

田口之另一重要貢獻是以社會損失來定義之品質。

田口玄一對品質之定義

田口玄一從**社會損失** (Social loss) 的觀點來定義品質，
他定義品質為「產品之品質是產品運出後對社會的損失」，
產品之理想品質是在給定之生命期間及使用條件下，消費使
用該產品時都能享有產品之目標性能，同時又無有害之副作
用。

Q. 田口玄一對品質
之定義，他認為
理想產品品質為
何？

穩健設計

線外品管 (Off-line quality control) 與線上品管 (On-line quality control) 是品質管理兩個常聽到的名詞。

- 線上品管：指在生產線上所做的品管活動，如管制圖監控製程的品管活動。
- 線外品管：指在生產線外所做的品管活動，如田口方法（或稱品質工程）或產品的可靠度分析等。

田口玄一是**穩健設計**（Robust design；中國大陸譯作柔韌設計或魯棒設計）的開山大師，因此西方人稱**穩健設計**為**田口方法** (Taguchi method) 或**品質工程** (Quality engineering)，有些作者將田口方法劃歸為品質管理，它在本質上屬**線外品管** (Off-line quality control)。

穩健設計主要是運用參數設計、公差設計以及工程管理來降低產品對參數變異的敏感度，以不增加成本的方式來提升品質，使產品在整個生命週期中都能保有穩定之性能，目的是去解決產品工程師與製程工程師長期關心的二個問題：

1. 在消費者使用的環境裡，如何有效地降低產品機能的變異？

2. 如何保證實驗室之最適條件在生產與使用階段仍是最適？

因此**穩健設計**在設計階段就開始必須導入品質與成本的觀念。日本產品尤其汽車、消費性電子產品能稱雄世界，**穩健設計**是一大關鍵。

Q. 敘述穩健設計之意義，它主要要去解決工程師關心的哪些事？

穩健設計之目標

依 M. S. Phadke 教授的說法，**穩健設計**之目標在於：

1. **降低產品性能對原材料變異之敏感性**：產品即便是使用較差的材質亦有相當的容忍性。

2. **降低產品設計對製程變異之敏感性**：減少了產品重工或報廢衍生之成本。

3. **降低設計對環境變異之敏感性**：因此提升產品之可靠度及降低操作成本。

4. **提升產品之生產能力**：因此使設計變為更具結構化之開發過程。

總之，**穩健設計**就是要在可容許的開發成本之下，找出兼顧生產者與消費者權益且最合乎經濟效益的產品或製程設計。

Q. 簡扼說明穩健設計之目標。

田口方法在臺灣

田口方法大約在上世紀八〇年代由中國生產力中心引入臺灣並推廣，1990 年以後逐漸被國內工業界所重視，尤其高科技公司紛紛應用田口方法作為 R&D 之輔助工具。國內大學、研究所如統計系所、工管系所、工業工程系所都有開設。

模組化設計

模組（Module；中國大陸譯作成組）是由數個零組件組合成具有某個特定功能的一個「基本構造單元」，因此模組本身就具備有零組件標準化的實質意義。

Q. 何謂模組？模組化設計對製造業而言有何好處？

模組化設計（Module design；中國大陸譯作成組設計）的產品只要設計適宜便可輕易地將模組進行組配或拆解，因此，**模組化設計**及模組化生產使得大量生產之客製化、多樣化、易製性、低成本等目標都得以實現。

為了方便模組與產品之其他零組件之叩接，所以在設計上模組之介面必須滿足標準化、通用化、規格化之要求，如此才能在安裝的基座上進行組裝。**個人電腦** (Personal computer, PC) 採用了標準的匯流排結構，不同廠家的模組均

Q. 列舉模組設計應注意之處。

能相容在一部電腦裡，這就是一個模組化設計的典型例子。此外模組化設計還要注意到：

➡ 模組不能影響到產品的主要功能。

➡ 模組在功能及結構方面一定要保有獨立性和完整性。

模組設計的優缺點

Q. 列舉五個模組設計的優點。

優點

1. **縮短設計之前置時間**：設計部門可以就產品特性，選擇一些模組與產品之零組件做不同之組合，應用**電腦輔助設計 (CAD)**，透過實驗、模擬等方法進行產品之**最佳化設計 (Optimal design)**，故模組化設計極便於產品設計自動化，又模組化設計產品之零組件數目又較非模組化設計產品來得少，故可大幅縮短設計的**前置時間**。

2. **縮短採購組裝工時與成本**：模組化之零組件只要與產品之其他模組或零組件叩接即可，再加上模組化產品之零組件在數目上較非模組化產品來得少，極便於組裝、製造，故模組化設計可縮短組裝工時與成本。

3. **便於採購及存貨控制**：模組化設計之產品所需的零組件比非模組化設計來得少，如果還有其他同系列之產品也採用相同的模組，那麼採購部門在採購之品項上將大幅減少，自然便於採購及存貨控制。

4. **便於檢查缺點**：因模組被視為一個零組件，檢驗時通常不必考慮模組內之結構，因此受檢之品項上自然會比非模組化設計之同款產品來得少。

5. **便於維修**：**模組化設計**的產品發生故障時，只需將故障的模組整個換裝即可，故便於維修。

缺點

模組化產品之某個模組故障時通常是將整個模組進行拆換，這會使得維修成本較高，即便有些模組可另行拆下維修，但維修成本仍可能比未模組化產品來得高。

Production and Operation Management

模組化設計──一個武器系統的例子

現代的戰車是模組化設計的好例子。一輛戰車可略分成動力裝置、行動裝置、武器系統、裝甲、電子裝置等五個模組。每個模組需要維修或升級時，只要更換該部分模組即可。

例如：戰場上發現引擎有問題時，只要將動力裝置這個模組卸換另一個模組，換下的模組就能在不影響運作下進行檢查與維修。火炮需要更換時也只需要將武器系統整個卸下，換裝一個新的火炮模組，原來被換下的武器模組，後送到廠房處理，所以不會耽誤到戰車運作。

綜上，戰車模組化設計優點有：(1) 維修維護省時省力、(2) 戰車設備升級或大修時不會影響戰力。

模組化設計在戰車的設計與製造能力對介面上之要求很高，模組間介面不良會危及戰車戰力。例如：戰車裝甲模組的接頭強度如果不夠，容易讓戰車在被擊中、甚或在行進間就會因震盪造成車體未戰先損，更遑論這部戰車被擊中時之車體、人員之問題。

反向工程

美國 R.Martin 和 J. Cox 定義 **反向工程**（Reverse engineering 或逆向工程）為「理解原始的設計意圖和機制」。將對手產品進行拆解是**反向工程**常用的手法，例如：汽車製

Q. 用自己的話說明什麼是反向工程？

造商將競爭對手生產的汽車拆解分析、手機製造商將對手的最新型手機進行拆解分析、晶片製造商將晶片封裝與感測器放在電子顯微鏡下研究等,目的都在搜集或了解對手產品之形狀、材料、工藝等資訊。**反向工程**應用領域涵蓋了汽車業、模具製造業、玩具業、遊戲業、電子業、醫學工程及產品造型設計等方面。

Q. 列舉三個製造業利用反項工程的理由。

利用反向工程不外乎下列理由:

1. 提高設計的效率與生產力:企業可透過反向工程將對手工作、產品,利用 3D 數位化量測儀器,進行量測、分析然後將所得到的資料(如量測之座標、材料成分或一些重要之工程物理資料等)進行模擬以提高設計、製造、分析的品質和效率,若再與**快速原型製造** (Rapid prototyping manufacturing, RPM)、CAD/CAM、IT 等技術相結合,能有效提高產品設計的**快速回應** (QR) 能力,因此反向工程不僅豐富了產品的幾何造型更可提升產品的設計生產力。

2. 了解競爭對手之技術實力:在應用**反向工程**過程中,可探究對手產品之工程**訣竅** (Know-how),從而多少可以了解到競爭對手採用之技術。

學習地圖
智慧財產權→ 5.4 節

3. 判斷是否有人侵犯我們的專利:企業可透過**反向工程**來了解對手在專利、智慧財產權上有無侵權問題,許多侵權問題都是透過反向工程挖掘出來的。

價值工程

價值工程 (Value engineering, VE) 是 Larry D Miles 在 1947 年於美國奇異公司任職採購員時領悟出之一個降低成本

之新途徑。簡單地說，VE 是研究在不影響產品基本機能及品質之原則下，能在最低總成本下創造出最高價值成果之一種系統分析的方法。

價值工程除了**價值分析** (Value analysis, VA) 外還有**價值保證** (Value assurance)、**價值改善** (Value improvement) 等不同的名稱。就製造業而言，VE 有兩個主要應用方向，一是在產品設計；一是在採購。本子節先討論 VE 在產品設計上的應用。

在製造業 VE 有兩大應用：
1. 採購
2. 工程
學習地圖
VE 在採購上的應用
→ 8.2 節

應用 VE 於產品設計時，應考慮的是產品的功能與成本：

VE 於應用時考慮：
1. 功能
2. 成本

1. **功能**：人們購買產品不單是買產品的本身還有它能帶來的功能，產品的功能分主要功能與附屬功能兩種，例如衣服蔽體、禦寒為主要功能，還有表徵主人身分之附屬功能。

2. **成本**：這是消費者對產品之功能所願意支付的金額。

基本價值方程式

$$價值 (V) = \frac{功能 (F)}{成本 (C)}$$

由價值方程式可看出提高價值的五種主要途徑為：

Q. 列舉五種 VE 提高價值的方法。

➡ 成本不變，功能提高。

➡ 功能不變，成本下降。

➡ 成本略有增加，功能大幅度提高。

➡ 功能略有下降，成本大幅度下降。

➡ 成本降低，功能提高。

價值工程在應用時之原則

VE 在產品設計上，不僅要維持產品之基本功能同時也要以經濟方式來進行產製。為達到此目標，實施 VE 時必須把握以下三個原則：

VE 在產品設計應用時之三個原則：
1. 標準化
2. 消除不必要功能
3. 替代

1. **標準化原則**：使用標準化零組件或模組化設計都是 VE 在產品設計之可行方向。

2. **消除不必要功能原則**：全面檢討產品中是否有不必要之功能，是否能將幾種功能合併到一個功能裡。

3. **替代原則**：同樣功能下，應試試幾種不同之零組件或製造方法，找出其中成本最低者。

Q. 應用價值工程於產品設計時應有哪些思考的方向？

根據以上原則，企業應用 VE 進行產品設計時，大致有以下內涵：

➡ 正確描述產品之尺寸、形狀、零組件以及產品之其他**屬性** (Attribute)，這是很重要的第一步。

➡ 定義產品之功能。

➡ 估算產品之成本。

➡ 評估產品之每一特性以及功能是否能抵得過它的成本。

➡ 是否存在有其他的原料或零組件具有相同的功能或可靠度但它的成本較低。

➡ 找出能使成本與功能有最佳組合的零組件。

可靠度與維護度設計

可靠度之意義

可靠度 (Reliability) 是一個系統、產品或零組件在一定之時間範圍內能執行其功能之機率，因此**可靠度**恆介於 0 與 1 之間，產品**失效率** (Failure rate) 是評估產品可靠度之一個常用方式。失效包括了：1. 應有功能之喪失；2. 應有功能之**劣化** (Degrade)；二者之差別在於前者根本無法執行它的功能，後者雖然還可以勉強執行它的功能但其績效偏離其應有的預期標準。

可靠度是一個介於 0~1 間之機率。

Q. 何謂可靠度？

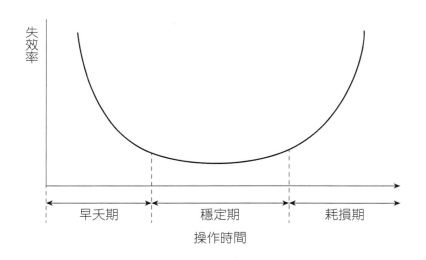

失效率

早夭期　　　　穩定期　　　　耗損期

操作時間

▶圖 5-4

浴盆曲線

產品之失效率是時間的函數，其曲線形狀有如浴盆，因此稱為**浴盆曲線** (Bath-tub curve)，這是因為產品在導入期或多或少有一些潛在瑕疵，造成較高的失效率，過了一段時期後，當這些瑕疵除去後失效率也隨之降低最後因**自然耗損** (Wear and tear)，使得失效率再次上升，這種現象也發生在人類之年齡與死亡率之關係上。

提升產品可靠度的方法

提升產品之可靠度一般可從以下方向著手：

安全係數 = 容許上限 / 設計值
└── 通常 > 1
└── 在成本、技術間取得平衡

Q. 產品安全係數之目的？

1. 維持適當之**安全係數**：**安全係數** (Safety factor) 是產品容許上限與設計值之比，通常不小於 1，目的是為了要降低產品在產製過程中的風險，同時要使產品在使用期間能發揮其原有的功能。產品設計時若將**安全係數**訂得太低，易造成產品失效，太高又會造成技術上之困難或不符成本效益。因此**安全係數**必須在成本、技術間取得平衡。

Q. 可靠度設計時，複件設計之目的與應注意處。

Q. 列舉 5 項改進產品可靠度的途徑。

2. 簡化設計：在不減少產品之功能下，減少產品中互相影響之零組件的個數以增加系統之**可靠度**。

3. 複件設計：我們將產品中失效機率較大之零組件加以複製以提升產品**可靠度**，這種複製之零組件稱為**複件** (Redundant)。用白話說，複件是原零組件的備胎。在設計**複件**時，零組件與其複件是否失效必須是獨立的，也就是說某零組件是否失效與其**複件**是否會失效無關，不然就失去當初設計**複件**之目的了。因此複件在設計上，可將原件與**複件**分別安排在兩個不同之布置空間，或採不同之操作之設計方式（最顯著的例子一個是用手動的，另一個是自動的）。

4. 工程設計之改進：工程設計之改進自然可提升產品之**可靠度**，例如：

➡ 改善零組件之品質：增加零組件之**可靠度**以提升整個產品之**可靠度**。

➡ 改進系統之設計：改變零組件關係（如原本是串聯之兩個零組件變為並聯）以增加系統之**可靠度**。

5. 其他：透過產品說明會或**使用手冊** (User's manual) 以提升使用者對產品使用上之正確使用；或定期維修等，這些都是提升產品**可靠度**之常見方法。

維護度設計

　　維護度 (Maintainability) 是指一個失效的系統能在特定的**停工時間** (Down time) 內恢復操作之機率，**維護度**設計之重點為產品故障時是否能容易地被發現，並能容易地排障。維護度直接影響產品的維修工時、維修費用與妥善率等。維護度設計時，會應用簡化設計、**模組化設計**、**防呆**（日語：ポカヨケ；Poka-yoke；Fool-proofing；英文讀做 Poka-yoke；或譯為愚巧法）、維修安全設計、故障檢測設計、**人因工程** (Human factor engineering) 等。

人因工程是以人的角度去進行工具、機器、系統、工作方法和環境之設計，使人能在安全舒適及合乎人性的條件下，發揮最大工作效率和效能，以提高生產力及使用者的滿意度。

學習地圖
愚巧法→下一子節

Q. 解釋維護度。

維護度與可靠度

　　可靠度設計是從產品使用壽命的角度切入，著重產品的操作性能，而**維護度設計**是從維修的角度切入，強調容易發現故障、排除故障，兩者相輔相成。一些精密工業、高科技或複雜度高的工業產品，在設計階段時就必須考慮到維護度設計與可靠度設計。

Q. 可靠度設計與維護度設計有何不同？

失效模式與效應分析

　　1950 年 Gruman 航空器公司首先將**失效模式與效應分析** (Failure mode and effects analysis, FMEA) 成功地應用於飛機主操縱系統後，美國太空總署 (NASA) 以及許多國際知名的大企業如 Apple、3M、GE、Motorola 等也先後導

入 FMEA，FMEA 包括**失效模式** (Failure mode) 與**效應分析** (Effects analysis) 兩個層面：**失效模式**是找出設計、加工中會對消費者造成影響之任何實際的或潛在的錯誤或缺陷，**效應分析**則是對於這些錯誤或缺陷進行分析研究。

產品在設計階段就要針對新產品可能的失效及故障分析原因，事先研擬出對策，以減少產品使用中之風險。

風險優先數 (Risk priority numbers, RPN) 是 **FEMA** 裡最重要的參數，它的計算式是：

$$RPN = S \times O \times D$$

上式之 S 表**嚴重度** (Severity)，O 表**發生度** (Occurence)，D 表**難檢度** (Detection)。

基本上，**風險優先數**是評估預測失效及故障的影響指標，**風險優先數**越大，意味著當失效或故障對人命或環境造成影響程度越大，其相對重要性也越高，它是 FMEA 排序的重要依據。

風險優先數顯然是一個「御繁為簡」的指標，有些學者對它有所批評，包括：

➡ 不同的發生度、難檢度及嚴重度可以組合出相同的風險優先數，但是其意義可能完全不同。

➡ 風險優先數為何是此三者的乘積，並無理論上的根據。

➡ 風險優先數忽略了產量的影響。

➡ 風險優先數無法估計改善方案的效果。

落實 FMEA 可持續改進產品和製程，識別並減少潛在的瑕疵，因此它是改善品質的一個重要途徑。在 QS-9000 或 ISO/TS16949、6 標準差、**製程安全管理** (Process safety management, PSM) 等管理體系都會用到 FMEA。

Production and Operation Management

大師群像─新鄉重夫

新鄉重夫 (Shigeo Shingo, 1909~1990) 曾在豐田、三菱及松下等公司服務過,在品質管理方面有重大貢獻,出版了不少有關品質方面的著作。新鄉重夫指出,「零故障」就是品質要求的最高極限。另也提出「防呆」、**十分鐘換模** (SMED) 等觀念。我們已介紹過十分鐘換模,在此在介紹他的另一個重大貢獻─防呆:

學習地圖
零故障→ 7.2 節

防呆是新鄉重夫引自日本圍棋與將棋的術語,防呆的日語「ポカヨケ」,「ポカ」是圍棋或將棋中,不小心下錯的棋子」,而ヨケ則為預防的意思,因此防呆引申為預防工作中因不小心而造成的錯誤。防呆為工安、品質實務中重要的觀念與作法,防呆應用範圍很廣作法也極具多樣化,從機械操作、生活產品之使用至文書處理,例如:

- 水塔的浮球上升至一定高度自動切斷給水。
- 車床之紅外線裝置,一旦作業人員之手觸及紅外線時,車床之刀具就立刻停止運轉,避免被刀具切傷。
- 電腦之記憶體模組上的凹槽只有物件、方向正確才能插入安裝。
- 手機電力不足時會發出嗶嗶聲警示,並自動關機。此外光線感應、計時器、單向裝置、保險絲、溫度計、壓力計、計數器等等,都是常用作防呆輔助裝備。

5.4 研究發展

成功的途徑：1. 抄；2. 研究；3. 創造；4. 發明。

鴻海董事長郭台銘

概　說

　　新產品之產生、製程之改善、技術之創新及新材料之引入等對製造業者至為重要，**研究發展** (Research and development, R&D) 在這些問題上始終占有決定性的角色，成功的 R&D 創造的成果必須與市場脈動同步。因此 R&D 與行銷、生產應該是三位一體而不應只是實驗室裡的活動。

　　一些小型的加工、裝配業或許僅憑藉老闆或工頭的經驗就可從事較低層次的 R&D，中大型製造廠商乃至於世界級製造廠商都有獨立的 R&D 部門。

微笑曲線

Q. 簡單說明微笑曲線。

　　施振榮先生提出了**微笑曲線** (Smiling curve) 的概念，它關連了專利技術、組裝、製造、品牌、服務等不同企業活動與附加價值的關係。

　　曲線橫軸的最左端是技術與專利，中段為生產、組裝與製造，右端則為品牌、通路與服務。縱軸代表附加價值，由微笑曲線可看出附加價值最大的部分是在曲線的兩端，也就是專利技術與品牌服務，最小的部分則是組裝與製造。因此，當企業宣布要**降低成本** (Cost down) 時，通常是由製造這一區塊著手，所以企業要增加利潤，應該設法走向專利技術與品牌服務。任天堂 (Nintendo Co., Ltd.)、耐吉 (Nike) 等一些**世界級製造廠商** (WCM)，他們專注於行銷與 R&D 而幾將產

有人批評臺灣科技業常說之 Cost down 是臺式英文，正確的說法應是 Cost reduction。

品全部外包生產，從而累積更多的利益，再以手機為例，手機製造因有了標準化的零組件與作業系統，大大降低了製造的門檻，手機代工的價值當然就越來越低，蘋果 iPhone 利潤 55% 鴻海毛利 5%。這些都可由微笑曲線獲得解釋。

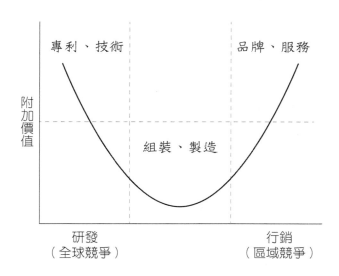

▶圖 5-5

微笑曲線

技術取得

企業之財力、人力、承擔風險能力、業主之企圖心等因素決定了 R&D 之方向與力道，企業之 R&D 有二個最基本的主軸，一是取得技術，尤其是產品技術，一是引領**創新** (Innovation)，而技術取得對製造業最具實益，也是最立竿見影。廠商取得技術大致有以下幾個方式：

Q. 臺灣製造業之 R&D 有哪些基本主軸？

Q. 舉出至少 5 種取得技術之途徑。

1. **自行研究發展**：企業利用自有的資金、人才自行研究發展。

2. 由學術團體或專業之研究機構以委託研究的方式取得技術。

3. **技術授權** (Technology licensing)：技術授權有單方授權、交互授權等方式。

表 5-1 專利申請案評審意見表

專利申請案評審意見表

評審日期：__年__月__日

專利案名稱：

評審項目		評　量	建 議 或 評 語
1	新穎性	☐ 全新　　☐ 新領域應用 ☐ 既有技術改良　☐ 不顯著 ☐ 全無新穎性	
2	產業上可利用性	☐ 有　　☐ 無	
3	發明高度	進步性：☐ 顯著　☐ 稍有　☐ 不具	
		非顯而易知性：☐ 顯著　☐ 稍有　☐ 不具	
4	侵權者之舉發	☐ 容易發現　☐ 不容易發現	
5	三年內商業化之可能性	☐ 可能　☐ 也許　☐ 不可能	
6	申請專利範圍是否適當？	☐ 適當　☐ 宜予擴充　☐ 宜予縮小 ☐ 修改（修改內容，請寫在右邊建議欄內，或另加附頁）	
7	申 請 國 家 是 否 適當？	☐ 適當 ☐ 宜增加之國家：＿＿＿＿＿＿＿＿＿ ☐ 宜剔除之國家：＿＿＿＿＿＿＿＿＿	
8	其他意見		
評審結論		☐ 同意申辦　☐ 修正後申辦　☐ 不同意申辦 ☐ 其他（請說明）＿＿＿＿＿＿＿＿＿	

評審委員簽名：＿＿＿＿＿＿

4. **成立合資公司**：透過**合資公司** (Join venture) 共同生產，這常是公司進入一個新市場之捷徑。2004 年韓國三星與日本索尼合資面板公司，三星在合資期間學到面板製造技術後再改良自身的品牌電視，到 2010 年三星平面電視之全球市場占有率達 20%，反比索尼多了一倍，而位居全球第一。因此**合資公司**技術流出的一方應在簽署合資意願書前，要謹慎地評估合資對己身之競爭優勢及永續經營的影響程度。

5. **技術買斷**：購買現成的技術來進行製程或產品的改善、創新。

6. **併購公司**：例如上銀要發展機械和半導體業之單軸機器人，曾苦於無馬達驅動器之技術，於是併購以色列 Mega Fabs 而順利取得這項技術。

臺灣企業在取得國外技術時，全球性策略是一個常有的思維方向。在此策略思維下，須考慮到國外社會政治環境、消費習性與國內之差異，尤其是一些國內所慣常的經營方式，在國外未必行得通。2005 年明碁併購西門子手機部門後，明碁原將取得西門子 2G 與 3G 手機的核心專利技術以及 BenQ-Siemens 品牌使用權，但因西門子手機之供應鏈 (Supply chain) 相當長，還有強大的工會保護勢力，最後明碁不堪負荷，只好放棄。

（學習地圖）供應鏈管理→ 8.1 節

創 新

R&D 第二個主軸就是**創新**。創新常常與發明混淆，發明強調的是前所未有的發現，創新則聚焦於技術上的改進或突破，也就是所謂**技術創新** (Technical innovation)。隨著消費

Q. 比較創新與發明有何不同？

者消費意識的改變，創新在本質上也在蛻變：過去的創新是**維持性創新** (Sustaining innovation)，只要製造業者延續以往生產、行銷的經驗，一步步把產品做好，目的是要提供更好的、獲利更高的產品給顧客，一般廠商對維持性創新最為熟悉。

策略大師波特 (Michael Porter) 指出，日本電子業過去 10 年之 R&D 侷限於維持性創新，致創新之成果仍無法滿足市場需求，造成巨幅虧損。

破壞性創新

行業中之主流企業通常專注於高端客群，持續地推出高檔的產品或服務以滿足這群高端客群，而忽視了另一個客群的需求。因此，就有一些資源小的企業看準後者，逆勢而上，他們聚焦於這些被忽視的客群，提供合宜的功能但價位較低的產品或服務，這是哈佛大學教授 Clayton Christensen(1952~2020) 所稱的破壞性創新 (Disruptive innovation)。他強調企業要注意到潛在創新將對現有產業產生致命破壞，一個破壞性創新之受害者往往是那個產業中之龍頭。要注意的是「破壞」絕不意味著功能差 (Poor)，而是和主流商品相比，它是便宜，功能不夠那麼好或那麼多。

「破壞」在原有的基礎上逐漸改善，直到品質達到主流客層能接受的功能水平，便可在主流市場中占有一席之地。

有人認為破壞性創新是打入新市場或小型企業、以「奇襲」方式進入市場之重要策略，但也有學者提出警告：並非每一家企業都可複製別人破壞性創新的成功經驗。

智慧財產權

　　R&D 的成果除供自身之產製外也可以用有償的方式讓予其他企業外，若經技術、市場等評估後還可考慮申請專利權，R&D 部門應對取得之專利權加以維護，若遇侵犯專利權時將會同法務部門處理專利權受到侵害時之法律訴訟。

　　國外一些企業會設置一個小組蒐集並監控競爭對手之產品、專利資料，除可了解競爭對手的設計方式外，還可確認創新、專利是否被抄襲。生產部門應摒絕引用來路不明之技術，以免觸犯**智慧財產權** (Intellectual property right, IPR) 反而造成更大的損失。

智慧財產權訴訟

　　上世紀八〇年代以來，美國大型企業一面藉收取權利金來維持在 R&D 上領先的地位，一面又藉訴訟來排除對手智慧財產權。對相對溫厚的臺灣高科技廠商智慧財產權訴訟是一個相當不擅長處理的區塊。臺灣每年還是要付給其他國家高額的權利金，更有甚者，如過去宏碁、宏達電等這一類大企業身陷入智慧財產權訴訟泥淖裡亦時有所聞，推係許多臺灣高科技廠商往往埋頭 R&D，忽略了要策略性地利用智慧財產權訴訟以鞏固企業自身之競爭優勢，這種訴訟應用得宜有時不失為知名度較小的公司打開知名度之捷徑。臺灣之營業祕密法、積體電路布局保護法等法規應與先進國家尤其是美國相關法規與時並進，以免國內產品或海外投資誤觸國外法規，因此企業必須自行覓取一個解決的機制，包括特約之專業法律顧問，此外，遊說立院政黨黨團進行修法，似是正本清源之途徑。

Q. 為何臺灣高科技廠商經常與外商有智慧財產權訴訟？試列舉 5 條。

柯達的教訓

柯達 (Kodak) 曾經是世界上最大的影像產品公司，一度占有全球 2/3 的膠卷市場，擁有一萬多項專利技術，世界上第一臺數碼相機正是柯達於 1975 年發明的。然而，柯達為保護現有產品所以它在推出第一臺數碼相機後卻只以專利來保護這新發明之數位影像技術，而沒有進一步研發。反觀對手企業卻悄悄地繞過了柯達專利保護範圍去開發更廉價之數位產品，等到柯達發現到事態嚴重時，已大勢已去。柯達終於在 2012 年 1 月申請破產，就是因為不願放棄既有市場只圖寄望通過專利保護來阻擋新技術。

總之，臺灣雖是科技大國，但在智慧財產權的努力上仍有很大的努力空間。

研究發展人員之行為面

R&D 是高度開創性的工作，這與公司其他偏重例行管理之業務不同，R&D 人員對專業領域及相關知識之汲取較為積極，他們在研究工作中除專業知識外也常依賴「專業直覺」，所以 R&D 人員在自主性以及自我認同之傾向較強。同時也執著目標之達成。他們多認為企業之**例行管理**是一種束縛，會妨礙 R&D 活動，對組織之威權也不見得願意屈從，R&D 人員流動性通常比較高，研究之環境、設備、經費等之不足都是造成離職之原因。

由此看來，R&D 在管理上宜把持以下幾個原則：

1. 提供 R&D 人員學習成長之機會，例如派送人員赴學術研究機構進行研究、參與國際性之學術研討會等，以不斷增進他們之學識並活躍他們的創造力。

2. 充實實驗設備、器材等硬體資源，以及在設備維修、器材採購、行政等都能提供充分支援，以創造良好的研究環境。

3. 適足之 R&D 預算是必要的，國外大型企業之 R&D 經費約為公司年度營業額 5~10%，彼得 • 杜拉克 (Peter F. Drucker, 1909~2005) 認為即便有巨額經費支持下也不保證 R&D 必然成功，投資金額小也有成功的例子，但公司在 R&D 預算之編列上仍應與同業之比較，以免見絀，同時也能防止研發人才跳槽。況在臺灣有「公司研究與發展及人才培訓支出適用投資抵減辦法」明列 R&D 支出可列營業稅抵減，這對企業從事 R&D 有相當之鼓勵作用。

4. R&D 部門之主管人選極為重要，除了有領導公司研發團隊的人望與能力外，還要有營造出一個足以激發出績效之工作環境，以及與有業務往來之行銷、製造等部門溝通之意願與能力。

5. R&D 的業務與成果應與企業經營活動互相連動，因此企業通常是以研究成果（如專利作評估之點數）、預期市場價值或節支成本等來評估 R&D 部門或研究人員之績效。

製造自動化簡介

PRODUCTION and OPERATION MANAGEMENT

本章學習重點

6.1 自動化
1. 了解自動化是什麼及製造業所採自動化之類型
2. 對製造業者採自動化生產及引進自動化前應考慮的問題應有所認知
3. 焦點工廠的意義

6.2 電腦輔助設計／製造
1. 電腦輔助設計／製造之組成結構
2. 電腦輔助設計／製造之功能
3. 電腦輔助設計／製造之效益

6.3 電腦整合製造
電腦整合製造之緣由、主要問題及效益

6.4 數值控制
CNC 系統組成要素及優缺點

6.5 群組技術與彈性製造系統
1. 單元生產的意義與利益
2. 群組技術的意義與利益
3. 了解什麼是有彈性的製造系統
4. 彈性製造系統 (FMS) 的組成及優缺點

6.1　自動化

人類使用機器人，不能僅僅只是要自動化，還要建立機器人如何與人類共生的概念。這樣概念開發出來的產品，才容易得到客戶的青睞。

日本機器人大廠安川電機社長利島康司

自動化 (Automation) 帶動之製造技術革新應殆無疑義，因此本章先由自動化開始，然後介紹**數值控制** (Numerical control, NC)、**電腦輔助設計與製造** (Computer aided design / Computer aided manufacturing, CAD/CAM)、**電腦整合製造** (CIM)、**群組技術** (Group technology, GT) 與**彈性製造系統** (Flexible manufacturing system, FMS) 等，這些課題已逾三十年甚至超過半個世紀，但時到今日仍是臺灣製造業者所不可或缺之製造技術。

Automation
→ 自動化
Autonomation
→ 自働化

自動化

自動化是什麼

人類很早就應用像水車、漏斗這一類原始的自動化裝置來代替人們之勞力或腦力活動。工業革命後，陸續出現一些由機械、水力、電力、汽力來驅動之自動化裝置執行人們要做的工作，從此**自動化**不論深度上或廣度上都更加豐碩，顯然，人們自動化的想法與實踐都早於電腦發明。隨著 IT 的迅速發展，使得電腦**硬體** (Hardware)、**軟體** (Software)、**感測器** (Censors) 及控制與通訊技術支援之各種自動化裝置，都在近代製造業自動化進程中占有最關鍵的地位。

製造業自動化類型

製造業所採自動化大致有下列類型：

學習地圖

PLC：產品生命週期
→ 5.1 節

1. **固定式自動化** (Fixed automation)：這是專為特定商品產製所設計之自動化，煉油、煉鋼及一些汽車廠是用這種類型的自動化，當產量大時，固定自動化確能降低成本，因此對需求量大、PLC 長之產品，固定自動化是很好的選擇。但當發展新產品或新製程時，固定自動化便不易因應調整，是一大使用的限制。

2. **可程式自動化** (Programmable automation)：這種自動化除利用電腦程式去控制機具設備並提供每個作業的生產程序、加工步驟及相關資訊外，它亦有規劃更新的能力，因此可程式自動化較固定式自動化更能適應新產品、新製程、客製化高或少量多樣的生產需求。

3. **彈性自動化** (Flexible automation)：彈性自動化是由可程式自動化發展出來的一種更容易客製化、更容易換線的自動化，彈性自動化可與連續性生產的機具設備連用，不需批量生產便可達到產品的多樣性，因此彈性自動化極便於混線生產。

製造業自動化原因

製造業者之所以採自動化生產大約有以下之原因：

Q. 列舉 5 個製造業採自動化的原因。

1. 勞動力不足：現在不論製造業或服務業都面臨勞工高齡化問題，國發會預估到 2020 年臺灣就業人力缺口將高達 196 萬人。勞工意識更高漲，製造業勞動力成本大增，再加上臺灣因人口出生率低以及製造業人口移向服務業，使得勞動力原本即告緊俏之製造業之缺工情形更顯得雪上加霜，尤其是危險、骯髒、辛苦所謂的 3K 行業。這些都迫使企業不得不考慮自動化。

3K

危險：Kiken(きけん)
骯髒：Kitanai(汚い)
辛苦：Kitsui(きつい)

2. 縮短設計前置時間：在產品設計階段，設計人員可從 CAD/CAM 的資料庫擷取類似工程之圖檔加以修改來產生新的工程藍圖並可利用 CAD/CAM 之計算功能從事工程計算、分析等，這些都有助於縮短設計的前置時間，對壓縮新產品上市時間或產品改良都有積極的意義。

3. 自動化可維持產品品質之穩定性：自動化可避免因作業人員之情緒或生理狀況而影響到產品之品質，此外像晶圓等高科技產品必須藉由自動化設備才能達到精密品質要求，又如汽車業利用**工業機器人** (Industrial robot, IR) 噴漆，只要設定好噴漆之速度及噴料之濃度，噴漆將極為均勻。

Robot 出自捷克劇作家 Karel Capek 於 1921 年在英國倫敦上演之舞臺劇，Robot 源自捷克語 robota，它是農奴或苦役的意思，後來沿用為機器人。

4. 自動化可提升製程安全性：有些產品在製程中會產生一些危險物質，例如，汽車噴漆時會產生致癌物質，噴漆的霧粒容易產生火花，如果用**工業機器人** (IR) 噴漆就可避免造成作業人員的人身傷害。

5. 政府的獎勵措施：根據我國促進產業升級條例第六條「為促進產業升級需要，公司在投資於自動化設備或技術、投資於資源回收、防治汙染設備或技術項下支出金額百分之五至百分之二十限度內，自當年度起五年內抵減各年度應納營利事業所得稅額。」激勵了國內廠商採用自動化設備或技術的動機。

製造業引進自動化前應考慮的問題

製造業即便有自動化的動機，但在引入前仍應考慮到下列問題：

Q. 製造業在引入自動化前應考慮到哪些問題？

1. 企業實施自動化的動機是什麼？是為了解決作業瓶頸、提升產品精密度、增加設計的生產力、還是為了紓緩作業環境中之所謂 3K 的特性？釐清上述問題後，廠商對自動化引入的必要性與程度便可有深層之判斷，而有助於廠商決定要引入哪些自動化設備。

2. 自動化前須進行成本效益分析，包括自動化後的效益是否足以涵蓋成本（包括：購置成本、操作與維修成本、折舊、殘值等成本）？

3. 企業引入自動化前應考慮到引入之自動化設備與其他生產設備之串接、介面與傳遞是否相容？還需要哪些配套措施？設施規劃與生產製程是否有重新設計的必要？標準作業與員工績效標準或相關作業之配套措施是否有調整或重新制訂的需要？

許多人以為只要自動化就可以為企業帶來競爭優勢，未經縝密評估即貿然引入後，卻發現自動化雖然可取代部分勞力，但也增加設備維護之間接人力。如果自動化設備來自國外時，考慮故障時可能帶來停工待修的風險。

日本汽車業曾一度追求全面自動化。在經濟不景氣時，一些高度自動化、規模又很大的工廠便很難調適，而一些僅能生產單純車種、自動化程度又不高的工廠，反而能靈活地進行少量多樣生產，並在逆境中成長存活，值得我們參考。

以下是一個節自網路的小故事，它對自動化的迷失有若干啟示。

Production and Operation Management

管理故事

　　有一家世界知名公司引進一條咖啡包裝生產線，在包裝過程中常常將空包裝盒摻雜出貨，造成經銷上的困擾。於是他們想請一位自動化專家，設計一個可篩選出空包裝盒。這位專家組織了一個專案小組，用機械、微電子、儀電、自動化、X 光探測等技術，在輸送帶旁裝了一個 X 光探測器，當檢測到空包裝盒，機器會將空包裝盒夾走，終於成功地解決了問題。類似情況也發生在另外一間小工廠，但這間小工廠作業人員想出在生產線輸送帶旁邊放了一臺電風扇，空包裝盒自然會被吹走，問題也一樣獲解。

製造業自動化技術應用情形

　　製造業當然會因產業別、生產規模、企業高階主管的決心以及能投資於自動化上之金額等，都會影響到自動化技術引進之內容與規模。我們以零星生產、批量生產、離散性生產及連續性生產為例，說明這幾種生產型態可能採用的自動化技術：

1. 零星工作：NC。

2. 批量生產：

➡ NC。

➡ **適應性控制** (Adaptive control)。

➡ **工業用機器人**作弧焊、抓取。

➡ CIM。

3. 離散性生產：

➡ 自動化搬運及倉儲系統。

➡ 自動化生產線。

➡ **工業用機器人**點焊、挾持、噴漆。

➡ 自動化進料系統。

➡ 電腦監督生產。

4. 連續性生產：

➡ 量測製程中重要變數之感測技術。

➡ 優化控制技術。

➡ 自動化工廠。

臺灣製造業自動化情形

　　臺灣大約在上世紀八〇年代起即引入製造業自動化，經濟部 1982 年推動「中華民國生產自動化計畫」以及次年成立自動化服務團（即中國生產力中心之前身）後，自動化的觀念與實踐已在臺灣製造業界逐漸生根、茁壯。以工業用機器人為例，1996 年臺灣有 688 臺工業用機器人，臺灣製造業者所用之**工業機器人**以購自國際、山葉、富士、安川等日系廠牌居多，部分是國產，如工研院機械所、程裕、福裕等。上述**工業機器人**用在電子與汽車製造業即占 75%。汽車製造商用**工業用機器人**作電弧焊、噴漆等，電子業則用在物料搬運、噴漆等。

補充
全球四大工業機器人家族：日本發那科 (Fanuc)、安川電機 (Yaskawa)、瑞士 ABB、德國庫卡 (KuKa) 約占全球工業機器人六成市場。

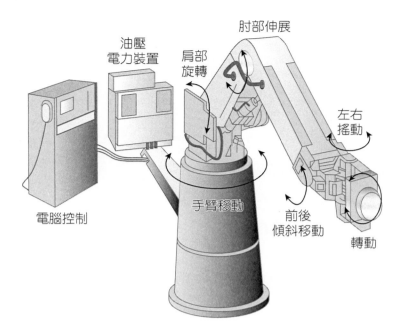

油壓
電力裝置

肩部
旋轉

肘部伸展

左右
搖動

電腦控制

手臂移動

前後
傾斜移動

轉動

▶圖 6-1

工業用機器人
有些是機器手臂，有
些只適合搬運，有的
如小蟲般地處理人類
無法解決的問題。

6.2 電腦輔助設計／製造

傳統設計問題在哪裡？

傳統之產品設計常面臨一些問題，包括：

1. 製造業在開發新產品時往往需要跨領域的人才，以手機為例，例如：橫跨電子、通訊、工業設計、材料、人因工程、機械等技術領域。各有專業，在設計時溝通本屬不易。

2. 設計部門與生產部門之衝突：以往設計部門往往未考慮到生產部門的製造需求與能力，就將設計藍圖交給生產部門，生產部門基於製造之現實，例如某些零組件之取得並不穩定、加工複雜度高、部分技術欠缺等原因，常會要求設計部門變更設計。加上生產部門在製造過程中通常只會削弱原先設計所要求的品質水準，這些都會造成這兩個部門間的芥蒂。尤其生產部門在心態上常常感覺設計部門在工作上能享有知識、經驗揮灑的成就感，而生產部門卻要承擔產品成敗之責任，這些都自然而然地在兩部門間構築一堵看不見的牆。

3. 設計未能滿足顧客的心聲：消費者趨勢需求原本非生產部門的職責，當 CAD/CAM 使得設計與製造間溝通順暢，行銷部門將消費者需求的資訊傳給設計部門時，卻苦於不諳工程術語，加上部門間的本位主義作祟，使得不同專業人員間溝通更形不良。

傳統式設計與製造間的溝通有一面看不到的牆

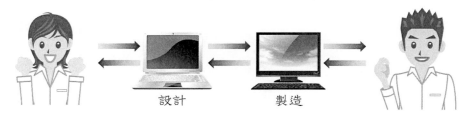

設計　　　　　製造

▶圖 6-2
CAD/CAM 設計
與製造間的溝通

4. 縮短設計之前置時間：傳統之製造業的設計部門在產品
   設計完成後將設計構思，從**概念設計**、大部設計到細部
   設計之工程圖，交付生產部門產製。在沒有電腦的年代，
   新產品之設計圖即便是用類似之工程圖去改繪也都很費
   工，遑論高度複雜性之設計圖之繪製。產品產製過程中，
   變更設計並不罕見，變更設計時，往往需要先修改工程
   圖，有時即便只有一小區塊之變更，也可能造成大量的
   相關工程圖連帶地要做修正，而這種修改經常比重新繪
   製一張工程圖更為繁瑣，這就是俗話所說的，修改西裝
   要比重新做一套西裝更費工。在傳統循序工程流行的年
   代，變更設計往往要等修正設計完成後生產部門才會繼
   續施作，若耗時太久勢必影響到生產進度。

為了解決上述問題，在上世紀五○、六○年代，美國麻省理工學院發展之 CAD/CAM，不論設計部門或生產部門都可在這個平臺上，共享設計、製造之相關資訊外，還可應用電腦強大的計算能力、速度和記憶體容量來進行設計與製造之各項活動。

電腦輔助設計／製造之組成結構

CAD/CAM 在組成結構上包括：

1. **硬體設備**：包括電腦主機、螢幕、貯存大量記憶體之媒介、輸出入裝置（如鍵盤、繪圖機、印表機）。

2. **軟體方面**：包括作業系統、繪圖套裝軟體、應用軟體和應用資料庫：

(1) **作業系統**：提供基本操作環境，用以控制電腦及週邊設備的運作。

(2) **繪圖套裝軟體**：提供設計者創造、展示及修改產品的幾何形狀。

(3) **應用軟體**：目前軟體業者已開發出不同工程領域的應用套裝軟體，包括**電腦輔助工程** (Computer aided engineering, CAE)，用以解決設計時遭遇到的問題。

(4) **應用資料庫**：CAD/CAM 之資料庫，可提供共用之設計所需的各種資訊，因此不論生產部門或設計部門均可透過內部網路進行資源分享。

3. **設計者**。

電腦輔助設計 / 製造之功能

電腦輔助設計 / 製造上有下列功能：

1. 工程繪圖：CAD/CAM 最大用途之一就是繪製工程圖，因此**電腦輔助繪圖** (Computer aided draw) 是電腦在輔助設計方面最早的應用。到了今天，發展出之**交談式電腦繪圖** (Interactive computer graghic, ICG) 系統，它在應用上極具親和力，極便於繪製作業。

2. 幾何建模 (Geometric modeling)：利用繪圖套裝軟體建構出 2D（平面）、3D（立體模型）的幾何模型。這些幾何模型可貯存在資料庫，需要時可隨時呼出複製或修改。

3. 工程分析：設計者可利用幾何模型進行工程分析，找出**最佳化設計** (Optimal design)。近三十年來，工程分析之理論與方法上均已有相當進展，其中值得一提的是**有限元素法** (Finite element method)，這是工程設計時常用的一種**數值方法** (Numerical method)，它是將實體結構化分成許多網格，以分析實體之應力、固力、流力、熱傳等物理特徵，然後透過電腦去解大型的聯立方程組。舉凡製造或結構設計等都可以用它來分析或模擬。工程分析之另一個重要功能是查驗產品之各零組件間是否會相互干擾。此外，傳統設計之尺寸與公差的正確性，是工程一大問題，有了 CAD/CAM 後這些問題便可迎刃而解。設計者可用電腦之**放大縮小** (Zoom) 的功能來分析複雜之工程細節，也可用 CAD/CAM 之**分層** (Layering) 功能進行電路布置以及營建、化工廠、油輪之管線布置分析與模擬。

Q. 列舉十個 CAD/ CAM 之功能。

195

4. **設計審核** (Design review)：CAD/CAM 軟體具有設計圖之計算、偵錯等功能，工程師在設計圖上進行**除錯** (Debug)，極為方便。

5. **設計文檔化** (Design documentation)：當完成上述階段的產品設計後，可將最終成果自動繪出外還可貯存於 CAD/CAM 圖檔裡，以供隨時傳呼、使用。

CAD/CAM 除了電腦輔助繪圖外還發展出一些相關軟體，例如電腦輔助工程以及我們**電腦輔助製程規劃** (Computer aided prosecss programming, CAPP) 等。

電腦輔助設計 / 製造的優點

Q. 請綜合指出 5 項 CAD/CAM 之優點。

由 CAD/CAM 之功能看來，其主要優點有：

1. 利用完整的設計資訊及分析軟體，可即時修正設計上之缺失或錯誤而趨近最佳設計，如此可縮短設計之前置時間，增加設計人員的生產力以及降低後續之產製成本。

2. 變更設計時，可透過共用資料庫便於與相關部門甚至和顧客的溝通。

3D 列印

3D 列印 (3D printing) 是由 CAD 控制的一種工業機器人 (IR)，它是 1981 年由名古屋工業研究所小玉秀男發明的。早期的 3D 列印是將材料有序地沉積到粉末層噴頭的過程。隨著 3D 技術之演進，它已演進到各種技術，包括壓製（金屬或塑料之成型）和燒結（利用加熱或壓力使粉末固化），時到今日，我們也可不用模具即可複製我們所需的模具，甚至可將所要複製之物件之各種角度拍的照片即可進行物件之 3D 列印。

因為相對傳統之透過切削、研磨、鑽孔、銑床等切割、磨形，這是「減法」的方式成型，而 3D 列印在工法上就是連續地將材料堆疊來進行任何尺寸、形狀之三維立體物件，故 3D 列印也稱**添加式製造** (Additive manufacturing)。

3D 列印可能會比傳統成型過程來得慢，但它可在不用模具之情況下成型，這在成型技術困難的物件或成型過程之使用材料會傷及原物品之情況尤其適用。

如今 3D 列印技術已用在許多領域，包括電腦、太空工程、車輛、製藥、建築等。

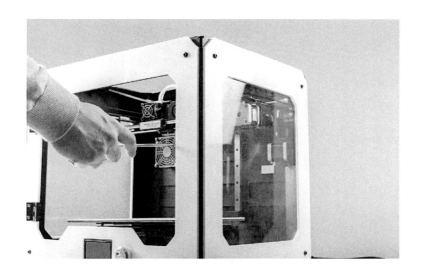

▶圖 6-3
3D 列印設備

6.3 電腦整合製造

電腦整合製造之緣由

在 1960~1970 年代，美國的製造業界就發現到，像**前置時間**、存貨周轉率、生產設備的**整備時間**、生產效率、產品品質等之類老問題，如果只是解決其中某幾項仍然無法有效地提升企業整體效益，所以製造業者亟需有一個整體方案來將這些問題做一次性解決。

1973 年 Joseph Harrington Jr. 首先提出了**電腦整合製造**（Computer-integrated manufacturing, CIM；中國大陸譯為計算器集成製造）之概念。CIM 的基本想法是利用 IT 將市場分析、產品設計、加工製造、經營管理到售後服務等原本各個獨立的業務系統整合成一體，然後利用這系統產生生產規劃、**物料清單 (BOM)**、**採購單 (P/O)**、應用之刀具與機器設備等，並能監視、追蹤生產製程中的產品不良率、機器當機時間、工具磨損、採購、存貨等資訊，並且可以貯存這些資訊以備將來分析使用。簡單地說，CIM 是將公司內部各個獨立的局部自動化系統加以整合，避免形成所謂的**自動化孤島 (Islands of automation)**。因此我們可以說，CIM 是透過生產和資訊之整合體來全面改善組織面貌之一個嶄新的生產哲學。

自動化孤島是指企業之某一臺機器，某一部門所做之局部性自動化，它雖可滿足部分優化，但不能使企業全面之優化。

電腦整合製造 (CIM) 的主要問題

隨著產品生命縮短以及品質、價格、交貨期等方面之競爭日趨激烈，製造業採 CIM 已是一個必然的趨勢。關於 CIM 有三個主要問題值得吾人關注：

1. 如果工廠內硬、軟體可能來自不同的廠商，那麼它們之硬體或作業系統間的相容性是一大問題。整合這些不同作業系統的難度有時會很高。以機器人為例，要整合不同廠牌的機械手臂、傳送系統等的控制器，通常是個既耗時又容易出錯的工作。國際間為解決不同製造系統間之相容問題於 1982 年發展出**製造自動化協定** (Manufacturing Automation Protocol, MAP)，已廣泛地被世界各國所接受，這對 CIM 與 6.5 節要談的**彈性製造系統**之各**彈性製造單元** (Flexible manufacturing cell, FMC) 之整合有極大功能。

2. 生產實務上，排程與製程優先順序都可能變動，電腦的反應與判斷與人腦相較下仍多有不足。**人工智慧** (Artificial intelligence, AI) 是一個可行的方向。人們可透過 AI 去模仿人類的智慧去進行決策，CIM 加上 AI 後能以更多的人類特性進行電腦模擬，這對機器模仿人類決策上有突破性進展。總之，AI 是 IT 在製造活動之一個最新應用，未來仍有相當的發展空間。

3. CIM 在導入之初難免會衝擊到現有之作業系統，而與現場人員之作業慣性或觀念衝突，造成員工害怕工作會被電腦取代而有生計上的壓力，同時也會使員工在工作上失去價值感。一般而言，CIM 所產生之文化問題比技術問題更為棘手。

電腦整合製造之效益

企業引入 CIM 後有以下之效益：

➡ 降低前置與生產時間。

➡ 減少資料數據輸入時間。

➡ 降低 WIP。

➡ 改善產品品質（良率）。

➡ 降低文書工作。

數據整合後，若某一部分資料有錯誤時往往會影響到整個生產資訊甚至波及整個製程作業，值得我們特別注意。

6.4　數值控制

數值控制 (Numerical control, NC) 是用數值、文字和符號去控制製程的一種**可程式** (Programmable) 自動化型態。今天的 NC 系統都是用**微電腦** (Micro-computer) 來做控制單元，所以當今之 NC 稱為**電腦數值控制** (Computer numerical control, CNC)。CNC 系統最適合小量、經常要例行處理或零組件形式複雜、公差範圍很窄或需經常變更設計的工件。若一部電腦可控制多部 NC 機器，則稱為**直接數值控制** (Direct numerical control, DNC)。此外，還有一種數值控制稱為**分配數值控制** (Distributed numerical control, DNC)，DNC 之主電腦是當直接數值控制使用，而其他的微電腦控制器則是搭配個別地 NC 機器。因此分配數值控制結合了直接數值控制和電腦數值控制的優點。

Q. CNC 系統適用於製造業哪些類型之產製？

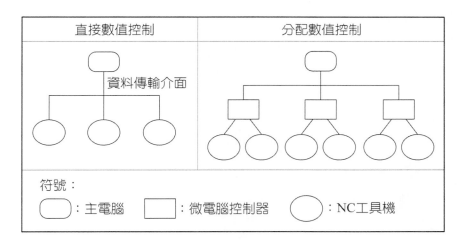

CNC 的構成要素

CNC 系統是將程式輸入到控制單元，由控制單元來命令工具機或製程運作。因此 CNC 系統應至少包含下列要素：

1. **指令程序**：作業人員藉由指令程序命令工具機執行產製活動。

2. **控制單元**：控制單元是由電子元件與硬體組成，包括微電腦、順序控制器、訊號輸出通路、**控制臺** (Control panel) 等。控制單元是用來驅動工具機之機械操作。

3. **工具機**：這是 CNC 系統執行的部分，工具機有**工作臺** (Worktable) 或**托板** (Pallet)、主軸、驅動用的馬達與控制器，此外還要有一些輔助設備，如刀具、夾具。

4. **操作人員**：CNC 系統之啟動或關閉、顯示器上所示之資訊的因應之動作等都需靠人來操作。

CNC 系統之優點

Q. 試敘述 CNC 系統之優缺點。

　　如同一般自動化生產之硬體設施或軟體系統，CNC 系統在**前置時間**、製品品質、生產彈性或製造成本等方面應有一定的好處：

1. 減少前置時間：CNC 工具機之整備時間少，又可自動更換刀具等，故可減少前置時間。這在工序越繁複、工件處理操作次數越多或工件幾何形狀越複雜時效果更加明顯。

2. 更強之設計彈性：CNC 之**自動可程式工具** (Automatic programmed tools, APT) 具有交談式功能，極便於工程設計或設計變更。

3. 有助於提升品質：CNC 工具機對工件產製之精確度遠較傳統工具機為高，又可避免作業人員操作時之人為失誤，

故使用 CNC 工具機確可提升產品品質，這對一些結構複雜之產品尤為明顯。

4. 降低操作成本：一部 CNC 工具機之定位是由電腦輸入，與傳統工具機相較下，CNC 工具機只需簡單之夾具，可節省人力與工時，尤其一部 CNC 工具機可取代數部傳統工具機，故使用 CNC 工具機可減少操作成本。

CNC 系統之缺點

1. CNC 工具機較傳統工具機不論在購置成本或維護成本上都高出許多，許多應用 CNC 工具機之廠商以二、三次輪班方式來提高 CNC 工具機之使用率，造成大量囤積存貨，而把生產問題掩飾掉。

2. CNC 工具機與傳統工具機操作相較下較為複雜，作業人員之操作能力很重要。

Production and Operation Management

《NC 與 CNC 之歷史》

　　1940 年代後期之美國在生產直升機螺旋槳時，需要大量的精密加工，就漸漸有數值控制工作母機的想法。1947 年，John T. Parsons 使用電腦計算工具機的切削路徑，爾後 1949 年麻省理工學院開始根據 Parsons 的概念對數值控制進行研發。生產直升機之機械廠為了配合美國空軍的需求，就投入大量的努力在數值控制系統，特別是在輪廓切削銑床領域。1950 年代 Parsons 公司與麻省理工學院合作，結合數值控制系統與銑床，研究發展出第一臺 NC 工作母機。1958 年，Kearney & Trecker 公司成功開發出具自動刀具交換裝置的加工中心機。麻省理工學院也開發出 APT。今天多數工件製程

設計語言仍以 APT 為藍本發展而成。1959 年，日本富士通公司為數值控制做出重大突破，從此加快了數值控制的進步。

　　從 1960 年到 2000 年之間，數值控制系統擴展應用到其他金屬加工機，數值控制工作母機也被應用到其他行業。**微處理器** (Microprocessor) 被應用到數值控制上，大幅提升功能，此類系統即稱為電腦數值控制 (CNC)。這段期間也出現了快速、多軸的新式工具機。

6.5 群組技術與彈性製造系統

前言

　　製造業者都在追尋一個兼低成本、高效率又有彈性之理想製造系統。在這個生產哲學下，再加上製造業都有一種共同的經驗，那就是有許多工件在製程上或設計特徵（如幾何形狀）上至少有一相似性，這些都使得製造業體認出：如果能在製程設計上便考慮到這些相似性，應該可以得到製造上的利益，因而按規模由小而大依序發展出**單元生產** (Cellular production)、GT、FMS 三個製造系統。

單元生產

　　簡單地說，單元生產就是將一群機器組成一個**單元** (Cell) 或稱**製造單元** (Manufacturing cell) 以進行製程類似工件之產製。

　　實施單元生產應有下列利益：

➡ 能在最低成本之條件下生產多樣化產品。

➡ WIP 最少。

➡ 改善生產力、品質，增加生產彈性。

➡ 減少**前置時間**。

Q. 單元生產有哪些效益？

群組技術

　　在單元製造裡，我們將一群機器組成一個單元以進行製程類似之工件之產製。GT 則是將設計特徵或製程相似的零組件分門別類成不同之**零組件族** (Parts family) 以利產製的一

種製造方法。換言之，同一零組件族內之二個零組件，在設計特徵或製程上至少有某些部分具有相似性，確認零組件之相似性即為 GT 之關鍵。

確認零組件族相似性的方法有好幾種，**零組件分類與編碼** (Parts classification and coding) 是一個最常用也是最重要的方法，此外還有其他方法。「零組件分類與編碼」是根據工件在設計及製造上的特徵去進行編碼，從而建立出工件族。因為「零組件分類與編碼」是針對各個公司量身訂做出來的編碼系統，甲企業的零組件分類與編碼就未必適用在乙企業上。「零組件分類與編碼」有一些不同系統，德國 H.Opitz 發展出來全球第一個也是最著名的編碼系統。

群組技術優點

Q. 何謂群組技術？
它有何優點？

GT 優點是：

➡ 減少 WIP 和物料搬運及生產製程中的存貨。

➡ 提高機器設備利用率。

➡ 減少機器設備投資與縮短生產整備時間等。

群組技術布置

Q. 何謂群組技術布
置？它有何優
點？

群組技術布置 (Group technology layout) 或稱**單元布置** (Cellular layout) 是將不相同的機器配置在各個工作站或**製造單元** (Manufacturing cell)，以生產具有相同形狀或製程需求的產品。GT 布置常見於金屬加工、電腦晶片製造與裝配上。

GT 布置有下列之優點：

➡ 製造單元內形成小型的作業團隊，可建立較佳的人際關係。

➡ 改善作業人員之技術能力。

➡ 較少的物料搬運。

➡ 縮短生產線之整備時間。

焦點工廠

　　七〇年代以後之市場競爭環境丕變，快速的技術進步、產品生命週期日益縮短、顧客化的產品需求等因素造成品質與彈性在企業之競爭優勢條件中愈來愈重要，許多企業發現以往大量生產 (Mass production) 之觀念與生產方式並不足以保證它們在競爭環境取得優勢地位。美國 Wickham Skinner 教授在 1974 年因而提出**焦點工廠** (Focused factory) 之觀念。

　　他認為企業之生產資源是有限的，如國一個工廠對其生產線下之每一個產品在成本、品質、交期、彈性之每一個生產目標上都投以最大的努力時，便會在資源分配上發生排擠作用，勢必會影響到企業在市場上之競爭力。因此工廠允宜選定一組具有市場利益的產品組合 (Product mix) 集中生產，這就是所謂的焦點工廠。

　　因為焦點工廠之設備、支援系統 (Supporting system) 與製程是針對特定的產品組合之產製而配套的，因此在成本分攤上較那些不斷擴充產品項目的傳統工廠為低，同時焦點工廠整個製造運作之焦點亦配合了企業整體策略與行銷目標，因此焦點工廠將為公司的一個競爭利器。簡而言之，焦點工廠是將工廠之生產活動之焦點置於少數特定之產品，以期在這些產品之生產目標上有卓越的表現。

　　Skinner 進一步有工廠中的工廠 (Plant within plant, PWP) 的構想，他把一間大型工廠劃分成幾個不同的單位，每個單位都有它自己的勞動力、製程設備以及生產控制系統，以遂行它的特定之生產任務，因此有些學者如 Groover 認為它是

群組技術 (GT) 原理之實踐。未來自動化工廠很可能是這種焦點工廠，其生產活動將環繞在這些產品群上，而此產品群應是它較為專精的項目。

事實上這些焦點工廠也是標準化原則的翻版，雖然焦點工廠只專精於生產某些產品群，但在中小批量之多樣性產品之生產上亦可有標準化的機會，包括：

➡ 設計標準。

➡ 零組件原料。

➡ 刀具。

➡ 製程與方法。

彈性製造系統

Q. 一個號稱有彈性的生產系統應具備哪些特性？

1960 年代末期開始，製造廠商為因應少量多樣化、高品質及多變的市場競爭環境，遂有彈性製造的想法，這裡所謂的**彈性**（Flexibility；中國大陸譯為柔性）就是可以適應不同的加工方式及工件種類變化的能力。上世紀七〇年代以前，FMS 還僅停留在學術探討階段，直至八〇年代起，在日臻成熟的 IT 之催化下，FMS 在實務上已逐漸可行。

一個號稱具有彈性的製造系統必須兼具**多樣性** (Versatility) 與**適應性** (Adaption) 兩個特性，所謂多樣性是我們可以利用這個製造系統去生產不同的零組件或製品；適應性則是我們可以在這個製造系統上很快地調整生產線去進行產製活動。以往製造業者希望擁有無止境的彈性生產能力同時又擁有大量生產的能力。例如：CNC 機器有很高的彈性但不適量產，輸送帶恰恰相反，兩者難以兼顧，直到 FMS 出現後，製造業者終於找到個能在彈性與量產間取得平衡的生產系統。

▶圖 6-4

一個 FMS 之一景

彈性製造系統的定義

　　基本上，FMS 是更加充分自動化之單元製造。迄今無明確嚴格的定義，例如 Goetsch 定義 FMS 為材料或工具的電腦控制之自動化料挾能力，有人定義為適用各階層之 GT，也有人就組成成分來定義。當今世界之 FMS 以德國、日本與美國最為先進，每個國家對 FMS 也未有統一的定義，以美國為例，美國認為 2 臺到 4 臺 NC 工具機，結合自動檢測、監視、上下料和單元控制系統，稱為 **FMC**；而 5 臺以上的 NC 工具機，同樣具備 FMC 的功能，即為 FMS。不論如何定義 FMS，它大致都有以下之共通特性：

1. **整合性** (Integration)：結合並協調各獨立子系統共同工作。

2. **智能性** (Intelligence)：配合使用者期待之能力。

3. **即時性** (Immediacy)：系統能快速地對改變做出反應。

彈性製造系統的組成

　　FMS 它必須適合企業的生產方式，是由工具機、控制系統、**自動化物料搬運與貯存系統**與作業人員所組成：

「工具機」或「工作母機」，被用來加工生產各類產業機械所需的關鍵零組件，位居眾機械的最核心位置，如果沒有它，各種產業機械可能就無法孕育出來，因而被稱為「機械工業之母」。

1. **工具機 (Machine tools)**：FMS 之硬體設施會因產品之製造需求有關，常見的硬體設施包括：CNC **切削中心**、自動化挾持、自動拖板、車床、鑽床、銑床等。FMS 的工具機可能和一般的工具機無異，也可能經過特殊設計，視企業產製需要而定。

2. **控制系統**：FMS 之控制系統通常具有貯存和分配零組件之加工製程管理、排程管理、作業管理及系統監控管理、工具控制（包括刀具的磨損情況、刀具更新計畫等）等功能。

3. **物料搬運及貯存系統**：如輸送帶、機器人與 AGV（無人搬運車）等都是 FMS 常見的物料搬運工具。

4. **作業人員**。

FMS 由於具有高度彈性與製造能力，因此被廣泛的使用於製造齒輪、馬達零組件、鑄件及電子零組件，以及國防工業。

彈性製造系統優缺點

Q. 條列 FMS 之優缺點。

1. **彈性製造系統主要優點**：

(1) 增進機器使用效益：FMS 可使機器快速重新裝配以因應產品結構的改變，刀具的裝設可在線外進行，故可減少機器停機的時間，在小批次的大量生產下具有快速生產能力，故可增進機器使用效益。

(2) 降低單位生產成本：工件在系統內的傳遞工作都是在電腦的監控下自動操作，刀具也可自動送到機器，這些都可降低整備成本。

(3) 提升人力生產力，改善品質。

(4) 減少零組件存貨。

(5) FMS 內鍵之電腦模擬軟體可評估系統能力也可得知設備出錯對其他系統的影響，然後重新安排有效的生產作業，以配合生產計畫。

(6) 改善作業控制：FMS可偵測出刀具、工作零件、機器溫度、冷卻液流動、切割速度和進刀率等的異常狀態，從而防止系統出錯而影響物料處理，同時FMS也可增加CAD/CAM運作之適應力。

2. **彈性製造系統主要缺點：**

　　FMS 導入階段需要投注一定時間、技術與成本，尤其是大型 FA，大規模自動化生產設備，除了建置成本之外，還需要投入更多子系統和累積原生的技術作為配套。

FA：自動化工廠

CHAPTER

07

設施規劃與設備管理

PRODUCTION and OPERATION MANAGEMENT

本章學習重點

7.1　設施布置規劃之目標與重要性

1. 製造業設施布置應考慮的時機、因素與目標
2. 設施布置的基本型態及其優缺點
3. U 型生產線的優點
4. 美國製造業設施布置的新趨勢

7.2　生產線平衡

1. 生產線平衡的意義
2. 生產線平衡的方法：質性方法與量化方法
3. 生產線平衡時的生產利益
4. 日本與歐美製造業之生產線管理的比較

7.3　設施維護保養概說

1. 設施維護保養的重要性
2. 故障及兩種型態故障
3. 零故障的意義及其五大對策
4. 理解妥善率與稼動率的意義
5. 預防保養的意義、在日本預防保養的三個重點
6. 理解改良保養、保養預防與生產保養的意義

7.4　全面生產保養

1. 全面生產保養
2. 日本全面生產保養的五大支柱

7.1 設施布置規劃之目標與重要性

工欲善其事，必先利其器。

中國古諺

設施與設施布置的意義

生產活動所用的裝備、機具統稱為**設施** (Facilities)，製造業之設施可分下列二大類：

1. 生產工藝設備：直接用作生產的設備，工作母機、焊具等，這些都是最重要的設備。

2. 輔助性生產設施，動力設備、給水設備等公用設施都是。

設施布置 (Facility layout) 是將生產場所的實體設施和物料搬運之動線所做的綜合安排，它會因產業或作業方式不同而各有強調的重點，例如：製造業強調的是物料的流動；辦公室則是資訊的傳遞；零售服務強調的是單位面積能有之最大利潤等。生產活動的設施是很龐雜的，適宜的布置會使得產製活動更為順暢、更有績效。

> **Q.** 製造業之設施可分哪二大類？

設施布置之時機

設施布置不是常有的事，但在下列情況下會作重新安排，例如：

➡ 企業新增、裁撤部門或生產線時。

➡ 企業導入新產品或服務時。

➡ 企業增添一些設備時。

➡ 因環境或其他法規需要，如加裝通風、照明、防止噪音設備時。

➡ 廠內運輸成本過高，或因現有設施布置導致工廠績效不彰時。

> **Q.** 企業在什麼時候會考慮到對現行設施重新安排？

Q. 設施布置之規劃
目標為何？請至
少列舉五項。

企業設施布置在規劃上總希望能達到下列幾個目標：

➡ 設施布置要與工序一致，同時布置上要力求簡潔以便管理。

➡ 滿足裝配工序或運輸動線上之特殊需求以使製程順暢。

➡ 將作業區域內的空間作最有效的運用。

➡ 盡量縮短作業區域內的搬運距離、減少物料搬運次數，以使作業區內之運輸成本極小化。

➡ 建立一個安全、舒適及有效率的工作環境。

製造業設施布置應考慮的因素

Q. 設施布置時應考
慮哪些因素？請
列舉五項。

除生產型態與產品加工特性外，設施布置時還應考慮到下列因素：

1. 空間的幾何特性，如樓層地板面積、高度、格局與限制（如樑柱的分布）、公用設施管線（電線、自來水管線等）的分布以及被安置設施的種類以及形狀、大小等。

2. 設施布置需用空間之大小、購置設備等都與投資金額有關，因此設施規劃時應考慮布置標的物之必要性與優先性。

3. 機具設備擺設之位置，不僅攸關物料搬運系統之動線規劃也影響到未來產製之順暢性，因此物料搬運動線與工序在設施布置時必須納入考慮。

4. 布置規劃時必須確保有足夠的迴旋空間，足供日後維修或移動之用，同時也要預留空間以作為未來工廠發展、引入新工藝或新設備之用。

設施布置的基本型態

1. 製程布置

　　製程布置（Process layouts 或 Layout by process）也稱為**功能布置**（Function layouts 或 Layout by function），顧名思義是將功能相近的機具設備集中在一起（例如：將所有的車床放在一處，冲壓機床放在另一處），形成一個製造中心。製程布置適合於小批量、客製化程度高的生產，顯然製程布置的物流動線是多變的。對一個沒有在工廠待過的讀者而言，你可將大學裡之學院大樓、系大樓想像是一個製程布置，學生上課、實習、研討課都在大樓裡。

Q. 何謂製程？列舉其優缺點？

(1) 製程布置的優點

　　製程布置有以下優點：

➡ 通常採用通用型機器，投資較少。

➡ 能適應產品規格之變化、製程之變更及特殊需求。

➡ 部分機器故障或人員暫時離線時，對整體之生產活動影響不大。

➡ 對人員可用個別激勵系統。

(2) 製程布置下的缺點

　　製程布置有以下缺點：

➡ 製程布置之工作相對複雜，部門協調與生產管制、監督較為困難。

➡ WIP 存貨較多。

➡ 物料搬運較多，故動線及排程挑戰性高。

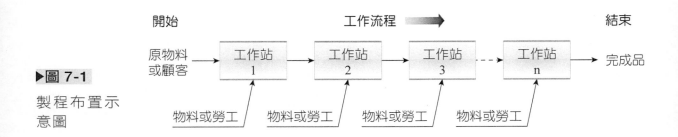

▶圖 7-1

製程布置示
意圖

2. 產品布置

Q. 何謂產品布置？
條列其優缺點。

產品布置（Product layouts 或 Layout by product）是
將產品之製程分成一系列之工作站，機具設備按工序布
置。上章所說的單元布置就像迷你型的產品布置。因為
每個產品的製程或者搬運路線大致相同，因而形成了**生
產線** (Product line layouts) 或**裝配線** (Assembly line)，端
視你的活動重點是生產或裝配。它適用於大量生產。產
品布置多屬生產高度標準化產品，作業人員之技能要求
較製程設計為低。

產品布置通常是因應高度標準化產品、重複性製程，
因此工作被分割成許多標準化之任務，員工和設備是為
生產而量身訂製的，因為工件必須在工作站間快速流動，
因此 WIP 存貨較少，一旦機器故障時系統會受到嚴重衝
擊，這時設備之預防保養就很重要。

(1) 產品布置之優點

產品布置除前面提的優點外，還有以下優點：

➡ 產品布置多見於重複性製程，故工作效率高，亦便於生
產控制及排程安排。

➡ 物料搬運較少，故動線較易安排。

(2) **產品布置之缺點**

產品布置有以下缺點：

➡ 因採用專用設備故投資成本高。

➡ 生產線某一個環節出了問題時會影響整條生產線運作。

➡ 工作重複單調不易激勵員工，以致員工可能對維護設備或維持產出的品質之意願不高。

➡ 產量調整時較缺乏彈性。

3. **定點布置**

定點布置是將標的物及主要配件固定在施工場所，作業人員、生產機具設備則配合產品施工，這種布置方式稱為**定點布置** (Fixed-position layouts)。採用定點布置時，機具設備、人員及物料之動線必須保持流暢。定點布置適用於體積龐大、笨重（如飛機、船舶）或為定點生產（如建築工程）之產品。

4. **混合布置**

混合布置 (Hybrid layouts) 是混有兩種方式的布置。例如，一些工廠在加工階段採用製程布置，在組裝階段採用產品布置。

採取混合布置適用於土地或資金不足的中小企業或產品產量未大到使用生產線的地步，因此混合布置是一種常見的設施布置方法。混合布置通常是兼有製程布置與產品布置的一些優點。達到混合布置的途徑有**一人多機** (One-worker, multiple machine, OWMM)，GT 等。GT 已在第六章談過，故不贅述。現就一人多機說明如下：

Q. 解釋 OWMM。

在製造現場一個作業人員操作多臺相同機具是常見的，而一人多機則是指一個作業人員操作不同的機具，因此在一人多機的「機」我們強調的是「不同的機具」。顯然，一人多機可減少存貨與提高作業自動化，若再加入低成本之自動化裝置更能突顯其效果。

U 型生產線

Q. U 型生產線之優
點為何？

U 型生產線是 JIT 之典型生產線布置，其投入點（入口）與產出點（出口）均由同一作業員負責。

U 型生產線有以下優點：

學習地圖

生產線平衡→ 7.2 節

➡ 生產線失衡時，可由其他多能工協助恢復**生產線平衡**。同時因多能工是推動 U 型生產線之基礎，可促使員工具有多工程的技能。

➡ 入口與出口都是同一作業人員，故容易維持生產週期時間與進行**節拍生產**，同時作業人員可觀察到 WIP 品質變異的情形，有利於降低不良率。

➡ U 型生產線之面積約為直線生產線的二分之一，故較不占空間。

▶圖 7-2

U 型生產線示意圖

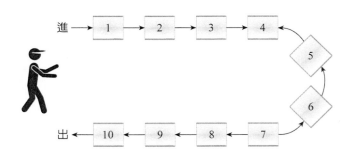

美國製造業設施布置的新趨勢

　　以往美國工廠的設施布置大致是以人或機器設備之使用率極大化作為設計原則，但近二十年來有轉向快速地變產品線並能調整生產率之設計方式，因此未來製造業設施布置的趨勢有：

➡ U 型生產線。

➡ 鄰近製程之隔間或其他分割物盡量減少，以使工作站間有較寬的視野。

➡ 自動化搬運系統之導入。

➡ 存貨貯存空間將越來越小。

➡ 工廠布置將朝小而緊緻化的設計。

➡ 自動化搬運系統如自動導引車 (AGV)、IR、自動貯存與擷取 (AR/RS) 系統之引入。

Q. 美國製製業在設施布置上有哪些新趨勢？

IR：工業機器人

7.2 生產線平衡

生產線一般是由輸送系統、專用機具、隨行夾具和檢測設備之組合，生產線管理是製造業之設施管理中最重要的一個區塊。本節將聚焦於**生產線平衡** (Line balancing) 及日本與歐美製造業在生產線管理之比較。

生產線平衡

生產線平衡的意義

Q. 何謂生產線平衡？

作業指派到工作站之過程中，若能將作業劃分到若干工作站以使得各工作站之作業時間或工作負荷大致相等，在此情形，生產線上之閒置時間為最少，就稱為**生產線平衡**。

機器設備為影響**生產線平衡**的一大因素，因此作業之劃分與機器之布置必須配合得當，為使工作站因機器調整之**延遲** (Delay) 能降到最低，通常會在工作站預置一些存貨以為緩衝，此外多能工對**生產線平衡**亦有一定的助益。

註

本節初學者可略之，不影響後續章節研讀。

生產線平衡的方法 （註）

生產線平衡的方法大致有質性方法與量化方法兩種，我們先從質性著手：

質性方法

生產線平衡之質性方法可以從製程分析、操作分析和動作分析三部分著手：

1. **製程分析**：製程分析主要是研究整個生產製程中之作業是否有必要性或重複性？製程是否合理？搬運頻率是否

過於頻繁？等待是否太長？目的是要去改善製程和工作方法。

2. **操作分析**：操作分析的目的就是同時對操作者、操作對象、操作工具三者之布置和安排進行研究分析，除製程合理外，還要構建合理的**人機介面** (Man-machine interface)，以使人機間能合理而有效的配合。人機介面設計之要點：

➡ 首先需明確作業員及機器的周程內容，測定各作業員的作業時間、作業員與機器的等待時間。

➡ 了解各作業間的順序，包括先行、後續及平行關係，並調整工序以減少等待時間。

3. **動作分析**：動作分析是從最基本的「**動素**」(Therbligs) 入手，研究分析作業人員在各種操作時的細微動作並消除動作上的浪費，以尋求省力、省時、安全和最經濟的動作。

動素分析是由美國工程師吉爾布瑞斯 (Gilbreth, 1878~1972) 創立的動素分析，所謂動素就是完成一件工作所需的基本動作。完成的操作雖然千變萬化，但人完成工作的動作，可由 17 個基本動作構成。讀者可參考時間與動作研究 (Time and motion study)，細心的讀者或可發現「動素」(Therbligs) 的英文字大致是吉爾布瑞斯名字字母倒著寫。

量化方法

生產線效率通常定義為：

生產線效率＝ 100% －閒置時間比率，**生產線平衡**時之閒置時間為最少，因此**生產線平衡**時之效率是最大的，因而**生產線平衡**時之產出率也是最大的。

週期時間 c 與預定產出率 r 之關係：

c ＝週期時間：每生產單位所需之小時數

$r = \dfrac{1}{c}$ 預定產出率：每小時生產之單位數

最小理論值

因為**生產線平衡**時，每個作站的工作要素之時間總和等於週期時間，工作站數之最少就相當於工作站數產出率最大。

Q. 何謂最小理論值？

因此**生產線平衡**的另一種說法是在預定產出率下，指派生產線上之工作站數為最少，這個工作站數稱為**最小理論值** (Theoretical minimum, TM)。這是生產線衡量化方法之立論基礎。

最小的必要工作站數

$$N\,最小化 = \frac{\Sigma t}{週期時間}$$

其中

N 最小值＝理論上最小的工作站數

Σt ＝工時總和

例如：一個工作包含 6 個作業 a、b、c、d、e、f，它們的工序關係與作業時間如下：

作業	先行作業	作業時間（分）
a	–	3
b	a	6
c	–	5
d	c	4
e	b,d	3
f	e	7

我們可由它們的工序關係繪出先行關係圖：

$$a \longrightarrow b$$
$$c \longrightarrow d \nearrow \searrow e \longrightarrow f$$

若一天工作時間為 1 小時，每天之生產量為 75 個單位，那麼週期時間 =600/75=8 分鐘／單位，

∴ 理論上最小工作站數

$$N_{min} = \frac{It\ （即所有作業時間總和）}{週期時間} = \frac{28}{8}$$

$$= 3.5 \approx 4$$

有了 N_{min}，我們便可以做作業之合併成 4 個工作站：

工作站	剩餘時間	指派作業	剩餘時間	閒置時間
1	8 5	a c	8-3=5 5-5=0	0
2	8	b	8-6=2	2
3	8	d	8-4=4	
4	8	e f	4-3=1 8-7=1	1 1 ——— 4

∴ a、c 併入工作站 1，b 單獨在工作站 2
　 d、e 併入工作站 3，f 單獨在工作站 4

生產線平衡之量化分析在製造界應用上確屬偏低，但是它的觀念卻是重要。尤其目前的製造業面臨多樣少量的生產型態，加上工廠經常會有急件插單、不良品重工或停工待料等不預期情況，因此生產線是**動態的** (Dynamic)，確保**生產線平衡**之先決條件是生產活動相關資訊必須正確而**即時** (Real time)。要找出一種能適應所有生產線的演算法是困難的，如果用電腦硬去盲目的演算，可能會產生低效率的結果。

生產線平衡的利益

Q. 生產線平衡有什麼好處？列舉五項。

生產線平衡時將有以下的生產利益：

➡ 提高生產對應市場之應變能力，實現彈性化之生產活動。

➡ 降低生產成本。

➡ 可使生產者朝向「一個流」的生產環境。

➡ 提高作業員及設備工具的工作效率。

➡ 通過生產線平衡的實施，現場將應用到製程分析、動作分析、規劃分析等工業工程手法，可提高全員綜合素質。

日本與歐美製造業之生產線管理之比較

Q. 條舉日本與歐美製造業之生產線管理之不同處。

歐美與日本製造業者在生產線之政策、管理方式以及設備等方面之想法上或做法上多有許多不同，例如：

1. 歐美製造業者以**生產線平衡**為最優先的考慮，目標是拉近每個工作站的**週期時間**，日本製造業者也會追求**生產線平衡**，但以**生產彈性**為優先。

2. 歐美製造業者之生產線平衡多在**線外** (Off-line) 由專家或幕僚來進行調整；日本製造業者則在**線上** (On-line) 由領班根據製程、標準工時來做機動的調整。

3. 歐美製造業者之生產線多為直線或是 L 型；日本製造業則多為 U 型或平行線。

4. 歐美製造業者通常會備有大量存貨以抒緩因設備故障或停工待料等帶來之影響，有不良品時則由其他生產線進行重工；日本製造業者採零存貨，遇有不良品時線上作業人員有權中止機器運作。

5. 歐美製造業者以輸送帶進行物料搬運；日本製造業者多不採輸送帶進行物料搬運。

6. 歐美製造業者偏好超級機器，因此必須透過不斷運轉以使投資盡速回收；日本製造業者則採自製或購買小型機器設備，依市場需要生產。

7.3　設施維護保養概說

引子

　　設施管理 (Facilities management) 是要讓生產設備在其生命週期內能以最經濟、最有效率的方式運作，同時也要給現場一個安全、健康的工作環境，這些都須以完善之設備維護保養為先決條件，這是本節的核心。

設備維護保養的重要性

Q. 若一工廠設備維護保養不良時會有哪些損失？列舉六項。

FA：工廠自動化

　　品管大師裘蘭 (Juran) 認為影響品質的最主要因素是設計、設備、原料與管理，在 FA 時代，設備更是產品品質的決定因素。工廠自購入設備後就像人們買了汽車一樣，總要定期或不定期地進行**維護保養** (Maintenance)。日本人稱維護保養為保全，也就是要透過維護保養使得設備能持續地發揮其應有之功能水準。若設備保養績效不彰時，除了品質損失外，還會導致下列損失：

➡ **故障損失** (Breakdown losses)

➡ **設置與調整的損失** (Setup and adjustment losses)

➡ **空轉與小停止損失** (Idling and minor stoppage)

➡ **產能降低損失** (Reduced capacity losses)

➡ **開機與重開機損失** (Startup/restart losses)

　　企業若要取得競爭優勢，必須把生產設備保持在能正常運作狀態，因此機器設備之維護保養已是製造業作業策略重要之一環。

故 障

談到維護保養前，我們不得不談到**故障** (Malfunction)。故障的英文 Malfunction，它的字首 mal 有罪惡、錯誤的意思，function 是功能，因此故障是指「功能偏離」。**日本工業標準**（Japanese Industrial Standard，簡稱 JIS）定義故障是「設備失去規定機能時稱為故障」，它可分為突發性障礙與漸發性障礙兩種：

1. **突發性障礙**：突發性障礙也稱為「機能停止型障礙」，它是因為設備的某一個機能突然喪失而造成整個設備停止，設備突發性障礙時必須停機待修，造成企業不可預期的損失。

2. **漸發性障礙**：漸發性障礙也稱為「機能下降型障礙」，這是因為設備的逐漸劣化使得原有設備的機能逐漸衰退。這種障礙不一定會有立即停工待修的急迫感，所以很容易被人所輕忽。漸發性障礙會影響產品品質、產能水準，長年下來累積的的損失可能會比突發性障礙來得大。

零故障與五大對策

零 故 障 (Zero defect, ZD) 是 克 洛 斯 比 (Phil Crosby, 1926~2001) 在上世紀六〇年代前後所提出的。ZD 是指所有的機器在整個工作時間內都能有效地執行生產指令。

Q. 何謂零故障？

Q. 何謂克洛斯比之
品質四大定理？

大師群像—克洛斯比

"Quality has to be caused, not controlled."
Philip Crosby

克洛斯比 (Phil Crosby, 1926~2001)他的學經歷是很有趣的，他是俄亥俄州足部治療學院 (Ohio College of Podiatric Medicine) 畢業的，他第一份品質方面之工作是擔任一家公司品質部門的檢驗技師，後來又擔任軍工方面之可靠度工程師。率先提出「第一次就做對」理念，並在馬丁公司任資深工程師時提出零故

障，**零故障**也稱為零缺點。

克勞斯比又提出品質四大定理：

1. 品質就是合乎需求。

2. 品質是來自於預防，而不是檢驗。

3. 工作的唯一標準就是「零缺點」。

4. 應以「產品不符合標準的代價」衡量品質。

零故障五大對策

── 整備基本條件
 ├ 清掃
 ├ 潤滑
 └ 上緊螺絲
── 嚴守使用條件
── 劣化復原
── 改善設計上的
 缺點
── 提高操作保養
 技能

零故障傳入日本後，日本人將其內化成日式風格，門田安弘認為設備要達到 ZD 的境界，必須貫徹下列五大對策：

1. **整備基本條件**：設備之清掃、潤滑及上緊螺絲，這些都是減緩設備老化與消除設備故障的最基本做法，稱為整備之基本條件。作業人員在整備過程中也可發掘出一些**潛在瑕疵** (Latent defect)。

2. 嚴守使用條件：作業人員必須嚴格遵守**操作手冊** (Operation manual) 所提示的操作方法、操作條件及保養週期等來進行操作與維護保養。

3. **劣化之復原**：即便恪守整備基本條件、嚴守使用條件，但設備劣化、故障現象仍存在，在此情況下，便要找出設備劣化的原因，並針對原因實施預知保養，然後正確地將劣化部分復原。

4. **改善設計上的缺點**：以上三種對策都無法消除故障時，若故障是出自設計問題，便要請原設備廠商改善設計或提供補強措施。

5. **提高操作、保養上之技能**：每個人除要有認真的態度、敬業的精神以及正確地操作、調整、保養及整備外，還要提高操作和維修人員的專業技能。

Q. 略述門田安弘之 ZD 五大對策。

設備之妥善率

妥善率（Readiness 或 Availability）是設備管理中常聽到的一個名詞，它是一定的時間內，當需要利用這套設備運作時它能順利進行的比率。

妥善率＝（全部時間－故障時間）／全部時間

例如：某設備在 2005 年共故障 27 天，

則其年妥善率＝ (365–27)/365 ＝ 92.60%

對設備保管部門而言，**妥善率**應以 100% 為目標，許多人認為設備使用頻率也應越高越好，如此才能將設備之購入成本盡早還本，其實，設備使用頻率應配合市場需求，否則極易產生製造或運送過多的浪費。**妥善率**與另一個常見的名詞**稼動率** (Utilization) 之區別是**妥善率**針對的是設備的故障時間，而**稼動率**針對的是設備的使用時間。

Q. 比較稼動率、妥善率。

稼動率＝（全部時間－怠機時間）／全部時間

例如：某設備在 2005 年停機數據為：故障停機 24 天，定期保養停機 3 天，生產線待料停機 10 天，淡季訂單不足而停機 14 天，則

年稼動率＝ (365–24–3–10–14)/365 ＝ 86.02%

如果線上有相同設備 N 臺，各臺妥善率（稼動率）就是此 N 臺設備之妥善率（稼動率）之平均數。

預防保養

Q. 什麼是預防保養 (PM)？日本製造業認為預防保養之重點為何？

人類自有工具開始就有了簡單的維修保養，工業革命後，機具設備已成為人們生產活動不可或缺的一環，遂產生了機器設備之維修問題，一直到上世紀初期，人們對機器設備**維護保養**的態度是採不壞不修、壞了再修，我們稱這種維修方式者**事後維修** (Breakdown maintenance)，這期間之機器設備維護保養多由操作人員自己負責。隨著機具設備之複雜化，維修觀念亦隨之演進。上世紀之 20、30 年代美國、蘇聯就有**預防保養** (Preventive maintenance, PM) 之觀念。**預防保養**是觀察設備外形有無形變、設備及其週邊設施是否有汙垢、漏裂、震動、雜音等，設備的溫度、壓力是否異常，注入設備的潤滑油脂之品質、成分是否質變、數量是否足夠，再從維修保養記錄分析劣化傾向，以對故障提出解決對策。到了上世紀四〇年代**預防保養**之觀念與技術就已經成熟，1951 年預防保養傳到日本。

在日本，**預防保養**是所有現場保養工作的基礎，它有以下三個重點：

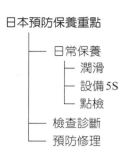

日本預防保養重點
— 日常保養
　├ 潤滑
　├ 設備 5S
　└ 點檢
— 檢查診斷
— 預防修理

1. **日常保養**：機器設備之日常保養包括：

(1) **潤滑** (Lubricating)：對機器轉動部分加注潤滑油（脂），以減少機器磨損，並達到防止故障、節約能源與延長壽命等目的。潤滑機具時需特別注意所用的潤滑油、脂之種類、數量及加注週期等。

(2) **進行設備 5S**：5S 的意義與做法已在第 4 章說明過，故不贅述。

(3) **點檢**：機器設備之螺絲、螺帽鬆脫時，應立即栓緊以免有機械震動以及過度磨耗，此外工廠之管線亦需注意有無裂隙或包覆是否破損。

2. **檢查診斷**：檢查診斷之目的在於測定劣化程度以掌握維修作業之必要資訊，如：設備之精度、磨損情況、性能等，並預行排障，以確保設備之正常運作。

3. **預防修理**：預防修理之目的在於消除劣化。為使維修資源能有效管理及運用起見，一般會將設備區分為 A、B、C 三類進行分級管理，對生產或安全影響最大與次大之 A、B 二類採預防保養，其餘歸於 C 類，採**事後維修**。工廠根據設備維修記錄設備及點檢表、狀態監測之結果，了解設備故障之規律性及癥兆，然後擬訂維修計畫。

預防醫學與預防保養之比較

▶圖 7-3

預防醫學與預防保養之對比

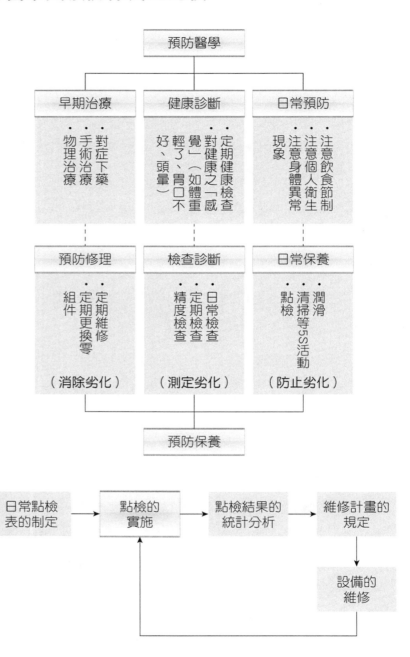

電氣設備安全檢點表	
檢點廠地	
檢點日期	年　　　　月　　　　日

設備別	檢　點　項　目	結　果	處　理
屋外及配線總戶線	1. 與事物之間隔距離 2. 電源及被護之損傷 3. 裝置器材之損傷		
屋內配線	1. 與事物之間隔距離 2. 電源被護之損傷 3. 電源接頭之情形 4. 配線是否混亂 5. 配線是否符合使用場所 6. 橫跨配線 7. 臨時配線 8. 潮濕處之插座使用 9. 不用配線未撤除		
開關及配電盤	1. 容量是否合適 2. 保險絲裝置是否適當 3. 開關之汙損 4. 蓋子之破損 5. 端子螺絲之破損、燒損等 6. 不用開關未撤除 7. 配電盤之裝置場所是否適當 8. 配電盤之屋外裝設 9. 配電盤之操作空間 10. 接地		
變壓器	1. 圍牆是否適當（高度） 2. 機（器）體之清潔 3. 危險標示之懸掛 4. 外物之碰處及靠近 5. 有無堆積物品		

設備別	檢 點 項 目	結 果	處 理
電動機	1. 過熱現象 2. 塵埃之堆積 3. 異常聲音及震動 4. 接地 5. 接頭之接觸 6. 型式是否符合使用場所 7. 防護設備		
電焊機	1. 把手絕緣之損壞 2. 電纜線被護之破損 3. 電源接頭 4. 保護具之損壞及不用 5. 防止電擊裝置 6. 遮光圍牆之使用		
電熱器	1. 與易燃物之隔離 2. 不用時之斷電		
其他			

負責人：＿＿＿＿＿＿各級主管：＿＿＿＿＿＿檢查人員：＿＿＿＿＿＿

其他設備保養實踐哲學

Q. 區別改良保養、保養預防與生產保養。

除預防保養外，還有一些不同的設備保養實踐哲學，包括：

1. **改良保養**：改良保養 (Corrective maintenance) 是改良設備以提升可靠度、降低故障率或者使設備易於保養。

2. **保養預防**：保養預防 (Maintenance prevention) 是將機器設備朝向僅需少許保養甚至**免保養** (Maintenance free) 之目標設計。

3. **生產保養**：生產保養 (Production maintenance, PM) 在 1954 年源於美國奇異公司，它是在生命週期內先做好**保養預防**，其次再做**預防保養**，最後才做**改良保養**，亦即設備設計階段要以**保養預防**為主來達到**免保養**設計之境界，到了作業階段則應進行預防保養、改良保養並利用可靠度工程、維護度工程與工程經濟等工程管理技術，透過保養作業，以使設備運作的綜效為最大。

7.4　全面生產保養

一流的維修員是於排除故障的同時，一併思考並從根本消除故障因素，二流的維修員是於排除故障的同時也會預防故障。三流的維修員是於最速時間內將故障點予以修復或更換新品。

網路文章

引 子

生產保養 (PM) 大約在 1960 年代前後自美國引入日本，到了 1971 年**日本設備維護協會** (Japan Institute of Plant Maintenance, JIPM) 綜合了預防保養、改良保養、保養預防等的觀念、做法，提出一個嶄新的設備維護概念稱為**全面生產保養** (Total production maintenance, TPM)。

全面生產保養的意義

Q. 何謂 TPM？它的特色為何？

根據日本設備維護協會 (JIPM) 定義，TPM 為「徹底排除設備的損失及浪費，使設備達到最高效率，以提升企業的業績及創造出有人生意義的工作現場為目標」。具體而言，TPM 是：

1. 提升設備之綜合效率為目標。

2. 在設備之生命週期下，建立一個涵蓋設備規劃、使用與保養相關部門之整體生產保養系統。

Q. 複習何謂「小集團自主活動」。

3. 由企業最高主管到第一線作業人員共同參與，並藉由小集團自主活動展開之生產保養。

因此 TPM 含有：經濟性追求、設備效率極大化、全員參與及操作者自主保養四大特色。

基本上，TPM 是所有員工經由小集團活動實現的**生產保養**。它與美式的**生產保養**之最大差別在於美式**生產保養**是以維護保養部門為中心而 TPM 則是全員參與。

Q. TPM 與美式 PM 之最大區別為何？

設備的生老病死

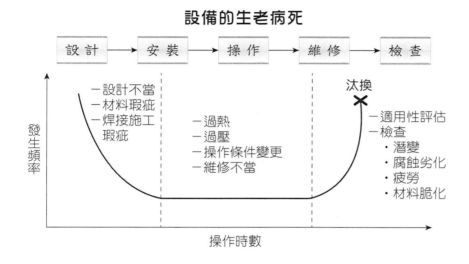

全面生產保養的五大支柱

根據日本設備維護協會 (JIPM) 輔導工廠的經驗，所有的企業大體上都可依下列順序展開導入 TPM，這就是所謂的 TPM 五大支柱：

除了五大支柱，近年來又新增的三個支柱：
1. 品質保養。
2. 管理間接部門的效率化。
3. 安全與衛生。

1. **設備效率化的個別改善**：在導入初期，針對關鍵性設備或在短期內可因實踐 TPM 而獲得改善成果的設備先行改善，然後將此成果擴大到其他設備上。

2. **建立自主保養體制**：每一位操作者都有自己的設備自己保養的能力與當責。

Q. 什麼是 TPM 的五大支柱？

3. **建立保養部門的計畫保養體制**：當操作部門建立其自主保養體制時，保養部門亦應配合成立計畫保養體制，以使維護保養作業更有效率。

4. **提升操作與保養技能之訓練**：企業應培養操作人員對設備有正確之操作與保養之技能。

5. **建立設備初期之管理體制**：取得設備時就應建立初期之設備維護保養管理體制以達到設備**生命週期成本**最小化以及保養預防設計標準化的目標。

全面生產保養在臺灣

TPM 於九〇年代開始推廣到美國、英國、法國、挪威、瑞典、中國大陸等國，我國之中華映管、臺灣山葉、臺灣德州儀器等公司亦相繼引用 TPM。根據日本經驗，實施 TPM 之企業設備保養費可減少 30%，設備使用率可提升 50%，因為設備故障率、不良率、無謂消耗之全面降低而使得生產效率至少提升 30% 以上。

設備綜合工程學

1971 年英國的帕克斯 (Dennis Parkes) 在國際設備工程年會上提出了**設備綜合工程學** (Tero technology)，與 TPM 在哲學架構上極為相像，我們也順便作一簡單介紹。

設備綜合工程學是利用設備**可靠度**、**維護度**設計的理論和方法，追求設備**生命週期成本**之極小化，設備綜合工程學有以下的特點：

1. 設備綜合工程學是一種全生命週期的系統管理。

2. 設備綜合工程學包括技術、經濟、組織全方位的綜合管理。

3. 設備綜合工程學強調全員參與。

供應鏈管理

本章學習重點

8.1 供應鏈管理

1. 供應鏈的定義
2. 製造業的物流活動大要
3. 供應鏈管理的意義及功能
4. 長鞭效應的意義、原因
5. 長鞭效應對於供應鏈的影響及解決途徑

8.2 工業採購與管理

1. 集中採購與分散採購的意義及優缺點
2. 工業採購程序大要
3. 及時生產下的採購之特性
4. 價值工程在採購上之應用至少應把持哪些原則

8.3 外包管理

1. 外包的意義
2. 企業在面臨自製或採購之決策時,常需考慮到哪些因素
3. 了解供應商與廠商之關係
4. 成功外包的利益
5. 外包管理之關鍵成功要素與失敗的原因
6. 了解垂直整合與垂直分工

8.4 存貨與古典存貨模式

1. 廠商要存貨的理由
2. 存貨的類型
3. 經濟訂購量模型的假設、缺點與適用之情況
4. 連續盤存系統與定期盤存系統之意義與優缺點
5. ABC 分析在存貨管理上之應用

8.5 物料需求規劃

1. 獨立需求與相依需求
2. MRP 的目的與基本架構
3. MRP 之效益
4. 及時生產與 MRP 的比較
5. MRP II 之意義
6. 引入 MRP II 之好處
7. ERP 的意義與功能

8.1　供應鏈管理

除非最終使用者付錢，否則到後來供應鏈裡的每一家公司沒有人真正賺到錢。

Eliyahu M. Goldratt

供應鏈

供應鏈是什麼？

　　供應鏈 (Supply chain) 是產品從產製到最終消費者手中所經歷之採購、生產、**配銷** (Distribution) 和客戶服務等有關的組織，這些組織包括公司內部部門之內部顧客，也有供應商、經銷商、顧客等之外部顧客。因為現代的市場競爭早已從企業對企業的競爭提升到企業的整個供應鏈與供應鏈間的競爭，沒有一個企業能在這場商戰中單獨勝出。因此製造商必須統合供應商、生產商、分銷商、零售商等不同企業夥伴，共同打個市場整體戰。總之，每個企業夥伴都是供應鏈之一環，環環相扣，不容有任何一個環節鬆脫。

實體配銷

　　企業供應鏈在營運上結合了**物流** (Logistics)、金流與資訊流，其中物流與生產部門最有關聯，這是本書重點。

　　製造業的物流包括**實體配銷** (Physical distribution) 與**物料管理** (Material management) 二個區塊，物料管理探討的是企業之取得原物料或零組件之相關管理作為，將留在本章爾後幾節講述，本節先就實體配銷作一簡介。圖 8-1 顯示供應商之進料運輸、物料在工場或工作站間移動以及產品運送到經銷站或顧客手中諸有關活動：

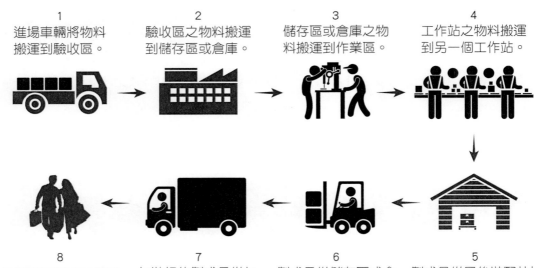

1
進場車輛將物料
搬運到驗收區。

2
驗收區之物料搬運
到儲存區或倉庫。

3
儲存區或倉庫之物
料搬運到作業區。

4
工作站之物料搬運
到另一個工作站。

8
從外運區製成品搬運
到經銷站或顧客處。

7
包裝好的製成品從包
裝區搬運到外運區。

6
製成品從儲存區或倉
庫搬運到包裝區。

5
製成品從最後裝配站搬
運到儲存區或倉庫。

▶圖 8-1

實體配銷示意圖

Q. 說明何以垂直整
合會使廠商較能
充分利用自身之
勞動力、設備？

　　由圖 8-1，我們不難看出，製造業的物流活動需要許多
夥伴企業 (Partner enterprise) 組成，中心廠商、供應商、經
銷商等自然形成一個綿密的生產、銷售網路，其家數可能上
千，物料流向的管制自然是一件非常重要的事，一個失控就
可能造成生產活動失序，這就如同公路上之交通號誌對路上
車水馬龍來往車輛作之調控一樣。

實體配銷系統自動化淺介

　　製造業物流管理之重點是如何在最低之成本下能充分
滿足顧客之需求。因此**實體配銷**之目標不僅要降低配銷成
本（包括運費、存貨處理費、倉儲費、訂單處理費與顧客
服務費等等），同時要提供顧客更多的服務，在**電子商務**
(E-commerce) 盛行之當下，**實體配銷**之自動化已然是必然的
趨勢。

　　實體配銷系統收到訂單後即通知物流部門盡快出貨，同時財務部門亦盡快將帳單開出，透過**銷售點** (Point of sale, POS) 系統，廠商得以整合訂貨配銷與送貨系統，公司之存貨管理系統會依據以往的銷售量和存貨之記錄適時地提醒經銷商下單之時間與訂購量，在電子資金轉帳設施以及**電子資料交換** (Electronic data interchange, EDI) 等之協同作業下，大大地簡化訂貨與配銷過程。

Production and Operation Management

RFID

　　無線射頻辨識 (Radio frequency identification, RFID)，是由電子標籤（Teg 由晶片和天線所構成）、**感應器**（Reader；由天線、接收器、解碼器所構成）等硬體及軟體的**應用系統** (Application system) 組成之一種通信技術，透過如電磁感應、微波之類的無線頻率來識別並以非接觸方式傳送到感應器中，再交由後端應用系統做進一步處理。2003 年全球零售業龍頭 Wal-Mart 要求前 100 家供應商，需在貨箱上安裝 RFID 標籤，而開始受到注目。

　　RFID 被視為 21 世紀最重要技術之一，其應用範圍十分廣泛，包含倉儲與物流管理、生產製造與裝配等都可以應用 RFID 來做為管理工具。悠遊卡就是一種 RFID。

　　RFID 能讓管理階層知道物件在供應鏈的哪一個階段，大大地改善公司追蹤存貨的能力，當然能有效地增進供應商與顧客的關係。

全球化與供應鏈

二次世界戰後因為**北美自由貿易協定** (North American Free Trade Agreement, NAFTA)、**關貿總協定** (General Agreement on Tariffs and Trade, GATT)，近來又有由中、日、韓、印、紐、澳及東協自由貿易協定六國醞釀之**區域全面經濟夥伴關係協定** (Regional Comprehensive Economic Partnership, RCEP) 等，打破了國與國貿易和關稅的壁壘。再加上 ICT 之突飛猛進，尤其網際網路、e-mail、**視訊會議** (Video conferencing 或 Conference call, Con-call) 等都予**全球化** (Globalization) 這個議題持續地炙燃。

全球化意味著你可以利用別國的資源進行生產，攻占別國市場，相對地，別國企業也可以在你的國家設廠，或在你的國家和你的產品進行 PK。因此，歷經五十年，有一些企業因全球化而得益，當然也有很多企業消失無蹤。

總結全球化對企業能帶來哪些利益、缺點或風險如下：

1. **利益**

(1) **市場**：全球化經營下使得企業得以擴張海外市場，能對市場需求得以適時而合宜之快速反應 (QR)。

(2) **成本**：全球化經營可節省的成本有運輸成本、勞工成本、原料成本以及稅。

(3) **法規**：若能在較寬鬆之勞動、環保法規以及有利的責任規範，確實可享有產銷之便利。

(4) **財務**：在他國生產並販售產品可避免匯兌之影響，有時可享當地國家之獎勵投資所說之誘因。

2. 缺點

(1) **勞工**：不同文化可能造成管理困難，勞工專業低，會增加訓練之費用，而偏低之出勤會影響產能，公會如果過於強勢會使企業在當地業務難以推動。

(2) **成本**：不良之基礎建設、長距離之運輸成本會抵消掉所省之勞工與原料成本，此外當地治安、失竊都會增加勞動成本。

(3) **進口限制**：是否有優先引用當地的供應商或原料之限制。

3. 風險

(1) **政治**：政治不穩定會推翻原先政府之承諾，恐怖主義盛行對人員、財產造成風險。

(2) **經濟**：經濟不穩定，通貨膨脹或緊縮會影響企業獲利。

(3) **法律**：法律、規章可能會改變，減少企業獲利。

(4) **其他**：如貪汙、索賄盛行，當地人慣性以此經營企業。

供應鏈管理

　　Cox 對**供應鏈管理** (Supply chain management, SCM) 定義為「從原物料到最終產品消費的過程，連結供應商與使用者廠商，透過廠商內部及外部的各種功能，完成產品生產、加工或製造，同時提供顧客需要的服務」。因此 SCM 是企業有效地整合供應鏈中的夥伴企業，目的是要從原料供應、製程間之輸送到配銷都能以最有效、最經濟的的方式，如期、如數、如質地將產品送至客戶指定的交貨地點。

因此 SCM 希望能達到以下功能：

➡ 提高產品品質、降低產品成本、強化顧客滿意度，以提高企業競爭優勢。

➡ 藉由 IT 協助**供應鏈**各夥伴企業之產、儲資訊透明化，以便廠商能平穩化生產、創造倉儲效益極大化與及時反映顧客需求。

當我們研究 SCM 時，應記著供應鏈是個大系統，而供應鏈內之夥伴企業可視為這個大系統下之子系統，夥伴企業各自之優化並不保證大系統之優化。

長鞭效應—供應鏈之絆腳石

長鞭效應

1. 起因：顧客對需求做過當之預測。
2. 供應鏈越上端者影響越大。

Q. 解釋長鞭效應。

實務上，顧客（這裡所謂的客戶包括內部顧客還有外部顧客）的需求總是充滿不確定性，因此顧客對需求預測往往是逐級向上扭曲放大。福瑞斯特 (J. Forrester, 1918~) 稱這種現象為**長鞭效應** (Bullwhip effect)，它是從**供應鏈**的下游向上游擴散，鞭子越長，影響也越大，位居**供應鏈**上端之製造商受到的影響更加明顯。

在**全球化**以及**電子商務**推波助瀾下，**長鞭效應**現象無所不在，這對產品生命較短、需求波動幅度較大的產業影響尤大。

長鞭效應的原因

長鞭效應發生除了因顧客對未來需求之不確性外，還有以下原因：

Q. 簡單說明為什麼會有長鞭效應？長鞭效應對供應鏈有何影響？

1. **需求預測被持續加碼** (Demand forecast updating)：需求預測被持續加碼所造成之不當需求，可用下列簡單的算術說明

   市場真正需求　　　 Q

   經銷商加碼預測　　 $Q_1=(1+a\%)Q>Q$

   分銷商加碼預測　　 $Q_2=(1+b\%)Q_1=(1+b\%)(1+a\%)Q$

   廠商加碼預測　　　 $Q_3=(1+c\%)Q_2=(1+c\%)(1+b\%)(1+a\%)Q$

   因此，$Q_3 > Q_2 > Q_1 > Q$

2. **訂單批量化處理** (Order batching)：實務上，廠商並不會每來一個訂單就馬上向供應商下單訂貨，而是綜合手邊存貨、訂購成本和運輸費用等因素，累積到一定之數量或經一段時間後才向供應商訂貨，廠商基於訂貨成本、斷貨風險或希望盡早到貨等理由往往會加碼訂貨，這種訂單批量化處理會造成存貨不當。

3. **價格波動** (Price fluctuations)：經銷商因大量進貨，所以會盡可能地要求廠商提供更優惠的付款條件來誘導經銷商**預先採購** (Forward buying)。商場上的競爭、通貨膨脹、自然災害、社會動盪等都會因價格波動，而驅使經銷商之訂貨量大於實際的需求量。即使上述現象消失後，經銷商也要等存貨消耗到一定水準才會進貨，以致對真實需要量便大大失真。

4. **短缺博奕** (Shortage gambling)：當市場供給小於需求時，製造商會依產量以**配額** (Ration) 方式分配給經銷商，經銷商為了盡早到貨或避免因突發性之**大量需求** (Lump demand) 造成之缺貨，往往會誇大訂貨需求，在需求驟跌時會突然取消訂貨，造成需求不穩定。

5. **存貨責任失衡**：實務上，廠商會先向經銷商鋪貨然後再結算，廠商要負責搬運並自負費用，一旦貨損或滯銷時廠商還要負責調貨或退貨等。在進貨風險與運輸費用均低的情況下經銷商自然偏向於大量進貨。

長鞭效應對於廠商的影響與抒解

由長鞭效應成因，不難推知其對廠商之影響以及抒解之道。

Q. 長鞭效應對供應鏈之影響為何？

顯然長鞭效應對於供應鏈會有以下的影響：

➡ **長鞭效應**會導致大量存貨，造成生產成本增加。

➡ 現場之**生產節拍**隨長鞭上下波動，無法**平準生產**。

➡ 不能有效滿足客戶需求，影響競爭力。

Q. 廠商如何解決長鞭效應帶來的威脅？

針對長鞭效應之成因，廠商可由下列途徑舒緩其所帶來的威脅：

1. **實施分級管理**：廠商按銷售商之業績予以分級，一旦供應短缺時，就按級別依序供貨，而廠商也可藉機汰換業績不好的經銷商。

2. **加強出入庫管理，合理分擔存貨責任**：若供應鏈上之夥伴企業能有共同之銷售預測之平臺，那麼他們便能在共同的預測之基礎上訂定生產計畫。**聯合存貨管理** (Jointly

managed inventory, JMI) 就提供了這種平臺，有了這個平臺，在供不應求時可減輕銷售商投機心態，而在銷售旺季來臨前供應商也能預先規劃好產品的需求，從而大大地降低**長鞭效應**的影響。因此**聯合存貨管理** (JMI) 是一個讓供應鏈上之夥伴企業能合理分擔存貨責任、防止需求變異放大的先進方法。

美國進一步在 1998 年由 VICS (Voluntary Interdustry Commerce Standards) 提出了**協同規劃、預測、補貨** (Collaboratine planning, forecasting and replenishment, CPFR)，強調供應商、廠商與經銷商間之協同合作與資訊分享，使上、下游企業可以共用**供應鏈**上之需求資訊及銷售預測，來訂定供需規劃，如此不僅降低了存貨、物流之成本，也使供應鏈整體流程更具效率。

3. **壓縮供應鏈之供銷時距**：縮短採購之前置時間、實行外包、減少分銷管道的層別、實施彈性生產等都是壓縮供應鏈之供銷時距的有效途徑。

4. **設定合理的應收／付款條件**：設定合理的付款條件以防止經銷商因財務優惠（如價格折扣、銷貨折讓）而衍生之**長鞭效應**。

供應鏈之整合

公司之物流系統大致分為採購、生產與配銷三個區塊，因此公司在供應鏈之整合上必須是以分進合擊方式循序漸進，首先公司的採購、生產與配銷三個部門各自形成自己的供應鏈，然後公司對內部部門各自整合出自身的供應鏈，最後再將統合之內部供應鏈擴張到包含顧客、供應商與經銷商之完整的供應鏈。

供應鏈管理未來的發展方向

供應鏈管理 (SCM) 未來的發展方向大致有：

SKU：它是指存貨之一個「單品」，例如：成衣經銷店之成衣可按其色彩規格（如 XL 型、L 型、M 型、S 型…）、款式等分成不同之 SKU。

➡ 供應鏈管理 (SCM) 未來要發展出自動即時追蹤和查詢貨況之能力，配合**資料探勘** (Data mining) 技術以追索到**最小存貨單位** (Stock keeping unit, SKU) 的存貨管理系統。

➡ 延伸**供應鏈管理** (SCM) 至最終顧客端，統合補貨、**先進規劃與排程** (Advanced planning and scheduling, APS) 及需求預測等系統。

➡ 廠商存貨管理將與**需求和配銷規劃** (Demand and distribution planning, DDP) 更緊密地相結合，可更有效地提升採購效益，以提升企業的競爭優勢。

先進排程規劃

以往企業推行 e 化往往只流於透過 B2B 電子文件交換的層次，但當國內一些製造廠師成為國際大廠之供應鏈之一員後，逐漸發現亟需一個能快速解決供應鏈協同作業各階段的物料規劃、產能規劃等系統的引擎，而這個引擎即 APS，因此期待 APS 能有下列功能：

1. 快速地產生以限制為基礎 (Based on constraints) 的生產規劃與排程，並可針對產銷配送問題提出「智慧」型的規劃建議和流程修正。

2. APS 具有 what...if 之功能，極便於管理者針對問題進行模擬，以便能在不同的情境 (Scenario) 下找出一個好的解答。

3. APS 在 IT 包括有演算、記錄與交換三大功能，有利於供應鏈資訊之透明化而使得供應鏈之 CPFR 更具實踐性。

8.2 工業採購與管理

要喝一杯牛奶，最好的方法就是把剛擠出來的牛奶直接送到桌上。

蘋果執行長庫克 (Timothy D. Cook, 1960~)

集中採購與分散採購

公司之物料採購方式可概分**集中採購** (Centralized buying) 與**分散採購** (Localized buying) 兩種：

Q. 請條列集中採購之優缺點。

1. **集中採購**

集中採購是買方指定一個部門來專責集中處理採購業務。

集中採購可使買方因大量採購而有與賣方議價之空間，可降低採購成本並可享有較佳之服務。同時因集中採購是在一個專門部門長川地進行，經年累月下可培養出採購人員之專業能力，這對採購流程，議價談判之技巧，開發新的供應商、相關法規與契約之了解等，都有幫助。

近年來電子商務之勃興，許多跨國公司對重要零組件或大金額之採購偏向集中採購。

集中採購也有一些缺點，例如：集中採購之採購層級較分散採購為長，連帶地，使得採購之前置時間通常也較長，同時對地方特殊需求較不能及時處理亦不能因地制宜。

2. **分散採購**

分散採購是採購業務分散在各部門分別辦理。國外分公司採購時，為適應當地市場環境變化，這時候集中採購不易實施，必須採分散採購，以因地制定。

Q. 什麼是分散採購？其優缺點為何？

　　分散採購的優點是擺脫了單一對口作業的缺失，例如：

➡ 商品採購具有相當的彈性。

➡ 對市場反映靈敏，能及時補貨。

　　也有一些製造商採折衷之採購方式，例如某些類關鍵零組件、原料或金額很大的採購案件為集中採購，其他則授權部門採分散採購。

工業採購程序

　　採購部門於收到**採購單** (P/O) 後，即啟動採購活動。採購活動從找尋與評估供應商開始，一旦供應商決定後便下單給供應商，供應商就按採購清單指定之品項、數量及單位、預算、需求日期、貨源、器材預計交運到達日期，透過一連串之採購程序後，將產品運至購買者的收貨處，買方驗收付完尾款給供應商結案，這是工業採購大致情形。由此看來，物料採購是廠商與供應商間之重要介面，因此一位稱職之採購人員對採購物件之潛在供應商、市場行情有一定之熟悉度。

表 8-1 採購申請單範例

○○公司採購申請單　　　　年　　　　月　　　　日
申請單位　　　　　請購編號

標的名稱及數量：		
	經費來源（計畫編號＋費用別）：	預算最後執行期限：
預算金額	會計科目	預算金額：

說明：
1. 預計交貨／履約：（請擇一填寫）
　　□　年　月　日前　　　　　　　　□決標後　　日內
　　□　年　月　日至　年　月　日　□其他：_____
2. 交貨或放置地點：_____
3. 國外採購運送方式：□空運；□海運；□國際快遞；□線上傳輸；□其他：
4. 保固年限：_____年　□無
5. 增購條款：□無　　□有：擴充期間_____年；金額_____元或數量

填表人：　　　（蓋章）覆核：　　　（蓋章）核准：　　　　（蓋章）

附件：□規格書　　　□估價單或企劃書　　　□契約書草案
　　　□限制性招標申請書　　□不利用「共同供應契約」採購申請書
　　　□其他：_____

5. 採購組 （招標方式）	□公開招標（□最低標決標　□最有利標決標） 　　□財物類　□勞務類　□內購案　□外購案 □限制性招標（□比／議價□公告徵求□專業評選）□公開取得報價或企劃書 □公告結果，未能取得三家以上廠商之書面報價或企劃書者，擬請同意改採限制性招標 □最低標決標　□最有利標精神決標 承辦人： □集中採購　　　　　　□不利用共同供應契約採購 □優先採購身心殘障　□綠色採購 (Green purchase) □其他： □與會其他單位表示意見 單位主管： □小額採購（採購組辦理通關提貨） □申請單位自辦 □擬核定後送本組辦理
6. 會簽單位	□保管組：（財產登記）　　　□營繕組：（水電安全性評估） □應登記財產 □類財產　　　　　　　　　　□環安中心：（綠色採購 (Green purchase)） □電腦軟體 □免會保管組：購買單價　　□事務組（上優先採購身心殘障物品及服務平臺公告） 　低於（含）10,000 元或 　年限低於 2 年之財物
7. 副總經理	8. 總經理

建立採購計畫與工程發包計畫 —工業採購之整備工作

MPS 之存貨為負時便要發 P/O。

物料採購要跟生產計畫相契合，因此生產部門會根據生產計畫與物料存貨情況等資訊決定採購物料之品項、數量及入庫日期，並向採購部門發出**採購單** (P/O)。採購單 (P/O) 經常附有**採購規範** (Purchase specification)、關鍵零組件之廠家名冊、用途／使用說明，採購部門也可能要求需求部門提供包括工程藍圖、樣品、化學成分、物理特性、材料明細或製造方法等，為了避免交貨後會有任何爭議之發生，採購契約裡通常包括有檢驗條款，包括檢驗機構、抽樣方式與數量，以作為日後**驗收** (Final acceptance) 之依據。

採購部門在建立採購計畫時會與根據**採購單** (P/O) 與所購物料之市場行情，擬訂**底價** (Bottom price)，以供日後與供應商議價之依據。採購部門若因壓低購價而影響到購料之品質，使得購入的物料未必划算，亦是常有的事，機器設備尤須從**產品生命成本**的角度考量，使用壽命、維修費用、零組件取得之難易度、保養及人工費用、水電潤滑機油等雜費、殘值等都應納作綜合評估，不宜僅用購價作為採購之唯一準則。

至此採購部門可向供應商提出**邀標書** (ITB) 進行採購。

採購作業

本書所述之採購作業大致是一般企業之工業採購方式，政府機關、國營事業、公立學校之採購需依行政院公共工程委員會之政府採購法辦理採購。

工業採購繁簡差異很大，以下只是一個約略之作業情形，實務上每一步驟都有許多「眉角」，其中不少涉及採購之潛規則，包括：採購行政流程、談判技巧，甚至公司採購文化等，這些都有賴讀者步入職場去慢慢領會。

1. **詢價**：除了指定之供應廠商、緊急採購及獨占性或壟斷性的物料外，採購部門會自合格廠商名冊發出**邀標書**(ITB)，合乎資格之有興趣的廠商就會來投標。

2. **審標**：投標商資格標初審合格後，若有必要時就要審技術標，商業條款的審查通常由主辦採購部門而技術標通常由需求部門協助審標。審標過程中必要時可以通知投標商澄清技術問題與確認全部的商業條款。在廠商與所有投標商均同意下，可於審標與議價期間修改部分條款，並作為日後執行採購合約的依據及採購單的附件。

3. **比價／議價／決標**：審標完成後，採購經理會依據技術審標、商業審標等作成比價表，決定得標廠商。若投標商的最低價格超過預算或底價時，開標主持人可決定是否超底價決標，或廢標重新詢價。

4. **簽訂合約**：發包作業到此全部結束。

5. **進貨**：供應商依合約規定之品質、供貨時間等進貨。買方有必要時會要求供應商盡速提供圖（文）件，以對圖（文）件審核。

6. **檢查與試驗**：供應廠商開始承製後，若有需檢驗的部分，買方之檢驗工程師可與供應商聯繫，配合交貨時程，排定檢收日期。依合約規定之檢驗方式、標準進行驗收。

7. **交貨**：採購部門依據採購契約或採購單上的交期，要求供應商將物料運抵倉庫。

8. **收料**：依據訂購單的品項、交期進行收料、貯存等工作。

驗收是購料入庫前最重要的關卡，驗收時，採購部門會協同使用部門根據合約規定辦理驗收，抽查驗核供應商履約結果有無與契約、圖說或貨樣規定不符。在我國政府機構，驗收團隊由主驗人員（主持驗收程序）、會驗人員（接管或使用單位人員）、協驗人員（為設計、監造、承辦採購單位人員或機關委託之專業人員或機構人員）、監驗人員所組成。驗收不合格時之處置方式，包括：就合格部分先行部分驗收並責成供應商將未通過驗收的部分限期改善至合格為止，若仍不合格將拒收或減價驗收。

供應商之評鑑

策略大師波特 (Michael E. Porter) 在《競爭優勢》 (Competivive Advantage) 一書指出供應商力量是影響企業競爭之五大因素之一，因此供應商之評鑑是很重要的。評鑑時，會針對供應商之交貨品質、交貨是否準時？與公司尤其生產部門的配合度與售後服務等，此外必要時公司還會有一個評鑑小組到供應商處作現場實地查核，最後作一個綜合考評。評鑑完後會有一個**檢討會議** (Ending meeting)，針對本次評鑑之結果作一檢討。

及時生產下的採購

JIT 之實踐廠家多是向生產場所附近之少數供應商（有時只有一個）透過長期合約以少量多次的方式，將零組件運送至生產線上，這種採購方式就像「鼓蟲」般，輕盈地在水面上多次往返地浮游，這生動地說出 JIT 採購之特性，現再就供應商、數量、品質及運送四方面，作進一步說明：

供應商方面

1. **供應商數量最少化、距離最近化**（供應商盡可能在地化）：廠商通常在廠區附近找一些好的供應商，先給一些小量訂單，若交貨之品質、交期、價格等成效為買方所接受時，雙方便簽訂長期合約，以建立長期之業務關係。

2. **單一來源的採購**：JIT 廠商偏好一種物料零組件只向一個供應商購買，因此廠商希望供應商只專注生產一種或少數幾種之產品，目的是要建立供應商對廠商之忠誠度。供應商本身也要推行 JIT 並納入買方生產系統內。若廠商要臨時外購時，有時會以標價來決定。但應注意的是，供應商家數通常並不多，固然可以降低廠商在供應商管理的複雜度，但也可能出現供應中斷的風險，尤其是**單一來源** (Sole sourcing)。

3. **與供應商之夥伴關係**：廠商將供應商有長期合約，彼此視為夥伴關係，彼此共利共存，有助於供應商作存貨規劃與交期安排，當廠商有新產品規劃時也會邀集供應商共同參與。如此廠商與供應商可建立長期而穩定之夥伴關係。

數量方面

1. **總括性之長期合約**：JIT 之採購合約在形式上極為簡化，只包括價格、工程資料以及根據廠商 MPS 指定之數量而已。

2. **正確之交貨數量**：廠商透過看板指示供應商到貨之品項、交期、數量等。廠商通常還會要求供應商用標準包裝箱，以便於清點、保管或辨識。

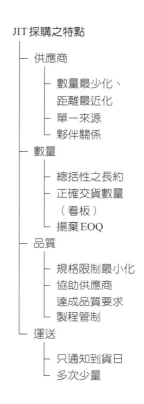

JIT 採購之特點
- 供應商
  - 數量最少化、距離最近化
  - 單一來源
  - 夥伴關係
- 數量
  - 總括性之長約
  - 正確交貨數量（看板）
  - 揚棄EOQ
- 品質
  - 規格限制最小化
  - 協助供應商達成品質要求
  - 製程管制
- 運送
  - 只通知到貨日
  - 多次少量

MPS：主生產排程

3. **揚棄 EPQ 採購模式而著重產品品質**：追求任何能降低批量之大小機會，R. E. Schonberger 稱 JIT 在某種意義上就是 EOQ = 1。

學習地圖

EOQ → 8.4 節

品質方面

1. **規格限制最小化**：廠商相當尊重供應商之專業能力，因此對供應商通常只提出績效規格，包括一些藍圖和重要尺寸，充其量再加上一些張力強度、表面處理或成分等工程資料，如此供應商對自己生產上的問題有自行改進之合理空間。

2. **協助供應商達成品質上之要求**：廠商會要求供應商減少生產批量大小，以使得品質問題能及時浮現，規格上供應商又有甚大之彈性空間，因此廠商與供應商間得經常討論一些產品問題以突破其盲點，這對供應商之供貨品質上有莫大助益。

3. **鼓勵供應商以製程管制來代替品質檢驗**：若廠商認為供應商之品質可達到免驗收之水準時，供應商可將工料逕送到生產線上，即便其間有一些小的品質問題，也可經由雙方協調而解決。

運送方面

1. **只通知供應商到貨日**：廠商要求供應商在原材料供應上要與廠商之生產需求同步化，廠商只會通知供應商交貨日期，至於供應商何時生產則由其自行負責，為此有些供應商會備有自己的運輸工具以及倉儲設施以便因應。

2. **以多次少量方式交貨**：與廠商交往之供應商必須能穩定地以多次少量方式交貨。

及時生產採購之利益

　　根據 JIT 採購之特性，我們不難推知它會帶給公司以下之利益：

Q. 列舉 JIT 採購之好處至少 5 項。

1. **進貨品質穩定有利生產**：在 JIT 採購下供應商供料品質會較招標方式來得穩定而一致，有利於商廠之產製。

2. **強化對廠商之忠誠度**：供應商有了廠商兼具總括性與長期性合約之保障，可激發其對廠商之忠誠度，願意配合廠商之生產規劃，甚至斥資將設備進行計畫性之更新等。

3. **減少採購成本**：與傳統**訂購點採購**相較下，JIT 之採購成本有顯著之降低。

學習地圖

訂購點採購→ 8.4 節

4. **減少文書作業**：因為廠商與供應商之關係是建立在一個長期、穩定之合約上，因此與採購有關之文書作業亦比招標方式採購大幅減少。

5. **降低存貨成本及提升生產力**：JIT 採購因供應商適時、適量、適質地提供進料，自然可降低廠商之存貨以及廠商外購零組件中斷之風險。

價值工程在採購上的應用

　　價值工程 (VE) 是工業採購時常被提到的觀念與技巧，它是 Lawrence D. Miles 在二次大戰期間任職美國西屋公司採購員時，體認出採購之目的在取得材料的機能而非材料的本身。因此 VE 最早的應用是在採購上。如同在第 5 章所述，VE 是針對物件的機能與生命成本進行研究，透過系統分析與不斷創新，以降低產品生命成本與提升產品價值的一種技術與哲學。

VE採購原則
　— 確認物料機能
　— 活用專家知識
　— 完成機能之方法不是唯一
　— 向常識或習慣挑戰

價值工程採購應用之原則

VE 在採購上之應用至少應把持以下原則：

1. **確認物料功能**：VE 採購重視的是所購物料的功能，因此在應用 VE 時首應分析出物料之主要與附屬功能，並確認各機能有無過當，同時並反覆地思考：市面上是否還有哪些產品和現有的產品有相同的機能而可能取代現有產品，如此可活躍我們採購之思路。

2. **活用專家知識**。

3. **完成機能之方法不是唯一**。機能（目的）可能只有一個，但是完成它的方法（手段）卻很多，在此我們需透過各種手法剔除不必要之機能並找出最有價值之代替品。

4. **常常保持向常識或習慣挑戰的態度**。應用 VE 於採購時，必須時時地檢討購進之機器設備或物料是否有品質過高或機能過多的現象，若能消除這些現象當能降低採購成本。應用 VE 時，我們必須知道它的機能、成本，然後據此資料檢討以下問題：

➡ 採購品之每一特性、機能是否抵得過其價格？

➡ 是否存在具有相同機能，但價格較低之其他物品？

➡ 是否存在有相同**可靠度**但價格較低之其他物品？

Production and Operation Management

管理典故

我們可由 Lawrence D. Miles (1904~1985) 為當時美國通用電器公司 (General Electric Company) 採購石綿片的故事說起。二次大戰期間全世界包括美國對各種物資都極度缺乏，即使有，價格也是很貴。Miles 在美國公司通用電器任職採購員時，體認出採購之目的在取得材料的機能而非材料的本身，因此他積極地尋求符合機能之替代方案來解決公司材料供應問題。

1947 年正值戰後第二年，市場上石綿片仍告缺乏，因此 Miles 想了解石綿片之用途，原來當時採購石綿片除了為防止油漆滴落弄髒了地面外，也為了防火。將採購石綿片的目的向廠商說明後，廠商便提供一種特殊加工的不燃性紙，其強度比石綿片好，價格卻更低，採購單位原想立即購買但囿於當時之消防法規而遲遲無法下單。公司一位高階主管知道後便命令 Miles 進行不燃性紙之實驗，1947 年 Miles 在公司的全力支援下，就該替代方案的技巧作深入的研究，同時 MIles 就在摸索下編寫了第一本有關**價值工程** (VE) 的書籍。

通用電器公司稱此項技巧為**價值分析** (VA)。1954 年，美國國防部引入 VA，因 VA 理念的應用與工程有關，而稱它為 VE。我國也在 1967 年引進，行政院經建會極力推廣，大規模的應用則始於臺北捷運系統。

8.3　外包管理

沒有一家企業能單獨在創新能力上贏過所有競爭對手。

James Brian Quinn

何謂外包

Q. 企業在面臨自製或採購之決策時，會考慮哪些因素，請列舉至少7項。

　　廠商因技術成本上的考慮，將不屬於**核心業務** (Core business)、不具經濟利益之製程或不會影響到核心生產之勞務或特殊工作付費委託其他廠商或企業來製造、提供服務就稱為**外包** (Outsourcing)。

　　外包在內容上五花八門，包括：保全、電腦維修、伙食、交通運輸、廠區綠化、營繕小工程甚至會計等。有時外包商又會將外包的工程或服務之一部分再分包出去，有些企業會規定承包的業務不得再分包。企業在外包前會面臨**自製或採購**之決策，考慮之因素有：

➡ 製造商本身的產能。

➡ 生產技術。

➡ 業務機密。

➡ 品質。

➡ 自製率。

➡ 需求特性。

➡ 成本。

　　傳統企業在組織設計上都希望盡量能掌控最多的生產資源，但在當今的經營環境下，這樣的經營哲學便面臨了挫折，其原因為：

Q. 企業為何外包？

➡ 企業內部因投資得到的競爭優勢能持續的時間越來越短。

➡ 企業的所有營運活動已日趨專業化，因此企業必須檢視每一項業務，找出它的發展重心，然後鎖定並發展出獨特的競爭優勢，否則不足以面對各種經營上的挑戰。企業對於無競爭優勢的業務，除非放棄否則只有**外包**一途。

➡ 一些跨國性企業，因為全球化而有更多選擇供應商之空間，同時 IT 之突飛猛進大大地便捷了與供應商之協調，這些都促使企業大量應用外包。

廠商與外包商之關係

外包商 (Subcontractor) 與廠商有如此密切關係，因此廠商與外包商間應保有什麼樣的關係以及如何做好相關之管理將是兩個重要課題。

廠商與外包商的關係是介於**競爭導向** (Competitive orientation) 與**合作導向** (Cooperative orientation) 兩個光譜之間。若廠商與外包商呈競爭導向之關係，這宛如**零和賽局** (Zero-sum game)。零和賽局意指贏方的**利得** (Gain) 恰是輸方的損失。競爭導向下，廠商盡可能壓低外包價格，外包商則盡可能提高價格。如果廠商的採購屬標準化商品或有許多替代性商品，那廠商大量採購時就會有議價的空間。另一個極端就是合作導向，我們以前說過的 JIT 就是一例。競爭導向下廠商與外包商之關係偏重於短期利益，合作導向重視長期的承諾，廠商與外包商共同努力提升品質，廠商也會在技術、產能等方面支援供應商，這種長期合作之情況下，供應商幾乎可視為廠商產能的延長。

Q. 略述廠商與外包商之關係。

成功外包的利益

Q. 成功的外包會給
企業帶來什麼好
處？請至少列舉
三項。

基本上，成功的外包將可獲致以下之利益：

➡ 可減少不必要的人事成本及管理問題。

➡ 企業核心能力外所欠缺的技能、技術或服務，可透過專業的外包商而得以補強，此不僅可提升產品的品質或附加價值，企業也能夠將更多的時間和資源投注在核心技術和產品上，去創造獨特的競爭優勢，以免因在非核心業務而分散了廠商的發展焦點。

➡ 一個良好的外包計畫可控制外包品之存貨，間接抒緩資金積壓現象，有利於企業資金調度。

外包管理之關鍵成功要素

Q. 外包管理之關鍵
成功要素為何？
請列舉三項。

外包管理之關鍵成功要素：

➡ 建立廠商與外包商間共存共榮之交易精神與長期而穩定之合作關係。

➡ 依照廠商之經營理念與經濟需求訂立外包計畫，包括外包商之遴選、評鑑與輔導，依外包商之規模、承包能力等予以分級，以決定哪些要外包，交由誰承包等。

➡ 外包商具執行合約之專業能力。

外包規劃應考慮之因素

Q. 企業在業務外包
前應考慮到哪些
因素？請至少列
舉五項。

外包雖是近代製造業經營之趨勢，但無可諱言，失敗的比率很高，根據國外的調查報告，有 25% 的外包契約提前終止，造成企業很大的困擾，為未雨綢繆計，企業在外包規劃時應考慮以下因素：

➡ 外包具有一定風險,例如外包品質難以確保,也可能造成機密外洩之風險等。

➡ 有些較為敏感的業務,例如高度汙染廢棄物之搬運,若用外包方式處理,容易使外界有企業將其應負之社會責任轉嫁到外包商之疑慮。

➡ 外包商常在不熟悉企業之規定(如廠區安全規定)的工作環境與操作條件下強行運作,極易釀成工安事故。

➡ 外包作業人員與廠商從事類似工作之作業人員相較下,工資福利差,工作亦較無保障,很容易造成外包商作業人員之怨懟,使得外包作業人員流動性高缺乏歸屬感,嚴重影響外包工作品質。

➡ 若企業將部分核心業務外包,會造成企業核心能力逐漸流失最後失去競爭力。

　　一個有名的例子是華碩力勸 Dell 將主機板與電腦組裝外包給華碩,Dell 認為此舉可提升股東權益報酬率 (Return on equity),因此答允了華碩之建議,結果 Dell 之市場就被華碩自創品牌侵蝕掉。

　　過去日本一些數位家電大廠在面臨新興的韓國品牌之壓力,因此擴大委託代工,希望能挽回成本之競爭優勢,但因無法有效地運用代工廠,以致喪失競爭力。如今世界最大手機製造商三星,其全球市占率約為二成,如今也因未能有效運用外包、外包運作不順之情況下,成本並未如預期降低,現亦深陷被華為、小米、OPPO 等中國大陸品牌追趕之苦海中。因此為降低成本之理由將部分工序作有效之外包,是一門亟待企業深思之課題。

外包與垂直整合

垂直整合

Q. 何謂垂直整合？
企業垂直整合之
理由為何？請舉
四點。

垂直整合 (Vertical integration) 是企業掌握供應鏈資源的程度，製程中自製比率越高，垂直整合程度也越高，在此意義下，若廠商選擇增加垂直整合，意味著將減少外包，同樣地，若選擇減少垂直整合，就要增加外包。一般而言，若廠商擁有領先的技術、足夠的產能並能在品質與成本勝出外包商，那麼廠商在市場上越能有成本競爭的優勢。

垂直整合之形式

廠商採取垂直整合有二個形式：

1. **向前整合** (Forward integration)：公司與生產過程之下游端整合，取得銷貨通路是常見也是最重要的向前整合的例子。

2. **向後整合** (Backward integration)：公司向原物料或零組件之上游端整合。向後整合最主要目的是取得供應商相當比重的股權以掌控供應商的優先供貨，以督促供應商改善供貨的效率與品質，但這會耗用企業大量的資金，另外與供應商訂立契約也是一種常見的方式，這些都相對減少企業進貨的彈性，當需求量減少時尤為明顯，是為缺點。

一般來說，垂直整合的優點除了有補強企業亟待提升之功能外，還有以下的優點：

Q. 列舉四點有關企
業垂直整合之好
處。

➡ 垂直整合提高了新廠商進入之門檻而有利於攻占較大的市場占有率。

➡ 垂直整合程度越大表示產品產製的生產活動比率越大，因此較易掌握品質與交期。

➡ 廠商較能充分利用自身的勞動力資源、設備等。

因此垂直整合的優點恰是外包的缺點，而垂直整合的缺點也恰是外包的優點。

垂直分工

垂直整合與**垂直分工** (Vertical Separation) 是令人混淆的兩個名詞。如果把一個產業按照上、下游分成幾個層次，垂直分工是每個廠商都只專做某一層次的工作，而各種工作之分工有嚴格之順序關係，例如，半導體的生產大致可以分成設計、光罩、製造、封裝、測試等部分依序加工。大部分臺灣的半導體廠商都是只做其中的一個功能；例如威盛科技只做設計，臺灣光罩只做光罩，臺積電只做晶圓製造，日月光只做封裝。

Q. 何謂垂直分工？

臺灣製鞋業是垂直分工的另一個例子。鞋子的製造包含鞋底的製造，鞋面材料的切割、縫合與鞋底與鞋面的組裝。臺灣的鞋廠商很少從事兩樣以上的工作。

再如：一個 R&D 能力強但資金不足的企業，如果能與資金充裕的大型企業合作，不僅可以獲得較多的資金來從容地進行R&D，對方企業也可以用較少的代價獲得R&D成果，而能花較多心力在產品品質、行銷上，二者互蒙其利。以往採臺商採臺商主導接單、R&D、設計、模具開發以及關鍵性零組件之產製等附加價值較高的部分，然後再交由中國大陸加工，就是垂直分工的典型例子。

垂直分工vs水平分工
分工之工作完成
── 有順序關係－垂直分工
── 無順序關係－水平分工

因此我們也可以說，垂直分工是由一群具有互補功能的企業所建立之**夥伴關係**，精密分工，資源集中，目的在補強企業亟待提升之功能。

有些學者因此認為垂直分工是「量產型」組織的好結構，但卻不是「知識型」組織的好結構。經常推出新產品的企業較適合採是「垂直整合」。

8.4　存貨與古典存貨模式

存貨的意義

存貨（Inventory 或 Stock）是企業為日後使用或銷售之物品，它可分為**原物料** (Raw material)、**WIP**、**製成品**、消耗品、工具等等。製造業生產部門在存貨管理上較偏重**原物料**、WIP 與製成品三項，不僅是因為這三項占製造業存貨之大宗，更因為它們關係到企業產銷活動之進行。

WIP：在製品

廠商為什麼要存貨？

存貨之重要性

據估計，我國臺灣民間企業之存貨約占資產總額之 25%，僅次於固定資產 30%，以美國製造業為例，一般廠商存貨約占流動資產之 20%~50%，平均的存貨成本為營業額的 30%~35%，降低 1,000 萬美元的存貨節省下的成本可能為企業創造 300 萬美元的利潤。因此，存貨規劃與管理之良窳將關係到企業生產與銷售活動，更直接影響到廠商的利潤。

廠商存貨之理由

即便存貨會給廠商財務上的巨大壓力，但廠商保有存貨的理由大致有：

➡ 為避免**缺貨**風險。

➡ 大量採購可帶給廠商進貨折讓的利益。

➡ 避免停工待料。

Q. 複習何謂欠撥量 (Backorder)、 缺貨 (Stockout)。

存貨的類型

Q. 存貨有哪些分類？

存貨可分成下列幾種類型：

1. **季節性存貨** (Seasonal inventory)：有些產品如蔬果、經濟作物等，它們的生產或需求是有季節性，這類存貨都屬季節性存貨。業者會在淡季時預為貯存，以因應未來旺季時之市場需求。

2. **安全存貨** (Safety inventory)：在不預期的需求、廠商延遲出貨或其他原因（如 2011 年日本福島大地震等自然災害）都會造成缺貨，業者為了安全之理由，避免缺貨風險之存貨就叫做安全存貨。

3. **接續存貨** (Decoupling inventory)：工廠自進料、加工過程至配銷的每一個環節都會保有不同形式的存貨，其目的在確保進料至出廠配銷過程之每一階段都能順利運作，不致有停工待料或市場缺貨之現象，這種存貨稱為接續存貨。

4. **週期存貨** (Cycle inventory)：**定期訂購** (Period order) 之各訂購週期內的存貨就稱為週期存貨。

5. **通路存貨** (Transit inventory)：又稱為**在途存貨** (Pipeline inventory)，原物料產地至生產或服務處所、工廠至工廠乃至消費者間之原物料、WIP 等都是通路存貨。

降低存貨的策略

存貨過多會因**過時** (Phase-out)、質變、損壞而增加倉儲成本；存貨不足又可能因缺貨造成損失，這在產品**過時**極快之消費性電子、**時尚產業** (Fashion industry) 尤為明顯。若企

業存貨過多，不僅積壓資金也會掩蓋一些生產問題並會對新商品失去應對力。這些都是我們在 JIT 強調過的。因此如何降低存貨是一件很重要的事，企業為因應不同形式的存貨會有不同的因應策略，例如：

➡ 季節性存貨：季節性存貨盡量拉近需求率與生產率之差距。

➡ 安全存貨：下單的時間盡可能接近必須到貨的時間。

➡ 接續存貨：實施 JIT。

➡ 週期存貨：盡量減少批量。

➡ 通路存貨：縮短前置時間。

經濟訂購量

　　1913 年 Ford W. Harris 以微分法求得使存貨總平均成本為最小的訂購數量，這個訂購數量稱為**經濟訂購量**(Economic order quantity, EOQ)。EOQ 是第一個古典存貨模式，時至今天，作業研究學者已發展出許多存貨理論的模型。

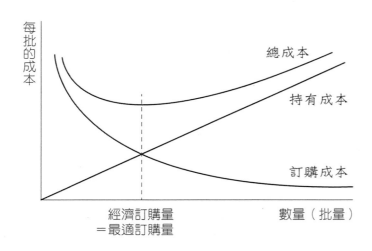

▶圖 8-2
存貨成本曲線圖

　　在 EOQ 模型中，存貨成本分**持有成本**（Holding cost 或 Carrying cost）與**訂購成本** (Ordering cost) 兩種：

Q. 企業為了存貨會有哪些機會成本？

1. **持有成本**：為存貨所花費之利息、儲藏、搬運、稅金、保險與耗損等都屬於持有成本，其中利息占持有成本的比率，有時高達 15%。為了這些存貨，廠商必須籌措資金，因而犧牲其他的投資機會，這就是存貨的**機會成本** (Opportunity cost)。持有成本不易由會計資料取得，因此實務上，持有成本通常以存貨帳面價值之 20%~40% 估列。

2. **訂購成本**：為訂購所花費之郵電費、運費等都是訂購成本。近年來，**電子商務**興盛，大幅降低了採購之訂購成本。

EOQ 模式

Q. 請推導 EOQ 模式，並說明 EOQ 模式之假設與缺點。

EOQ 模式是基於下列假設：

1. 訂購成本為一常數。

2. **需求率** (Rate of demand)，即存貨消耗速率，為一常數。

3. 前置時間為一常數。

4. 存貨的購買價格為常數。

5. 存貨是每批一次補足。

用微分法可求得下列結果：

$$EOQ = \sqrt{(2DS/H)}$$

其中

D ＝需求量，通常是每年的需求量

S ＝每次訂購成本

H ＝每單位的持有成本

EOQ 模式之數學推導

$$TC = DC + \frac{D}{Q}S + \frac{Q}{2}H$$

$$\frac{d \cdot TC}{dQ} = 0 + \left(\frac{-DS}{Q^2} \right) + \frac{H}{2} = 0$$

得　$Q_{opt} = \sqrt{\frac{2DS}{H}}$

另外，我們由上述可得**訂單間隔時間** (Time between orders, TBO)：

$$TBO = \frac{EOQ}{D}$$

EOQ 模型在 1960 年代以前一直位居存貨管理的主流地位，但這種存貨模式在實務上並不十分行得通。因為在生產線上，物料需求常有突發性的大量需求或驟減的情形，與 EOQ 需求率為固定之假設相去甚大，同時 EOQ 模型未考慮到生產排程，以致欠缺實際的生產意義。因此 EOQ 模型較適用於下列情況：

1. 產品是成批地而不是連續地採購或製造。

2. 產品銷售或使用的速率是均勻的，而且高於正常生產速率。

有效存貨管理之要件

存貨管理的目標是以合理的存貨成本下提供顧客最好的服務水準。為了能有效地管理存貨，企業必須有下列管理能力：

- 追蹤現有與訂單中的存貨系統的能力。
- 可靠的需求預測，包括預測誤差的評估。
- 充分掌握採購前置時間及其變異性的有關資訊。
- 能合理地估計存貨的攸關成本。
- 對存貨種類有一分類系統。

存貨盤點之重點

應於存貨盤點前擬訂盤點計畫並慎選盤點人員，查核存貨與帳面是否相符，並盡早採取防漏措施，及早發現弊端。

存貨盤點之重點包括：

➡ 呆料率是否太高？

➡ **存貨周轉率** (Inventory turnover) 是否太低？

➡ 物料供應不繼率是否太高？

➡ 料架倉儲、物料存放地點是否適當？

➡ 製成品成本中物料成本比率是否過高？

➡ 呆料、舊料、廢料、殘料是否過多？

我們舉個例子說明存貨周轉率之計算：

某公司全年之原料成本為 800 萬元，期初原料折值為 50 萬元，期末原料折值為 110 萬元，那麼該公司原料存貨周轉率為

存貨周轉率計算公式
存貨周轉率（次）＝
銷售（營業）成本
÷平均存貨
平均存貨＝（年初存貨＋年末存貨）÷2

存貨周轉率是衡量存貨的指標，也是衡量企業營運績效的指標。

$$\frac{\text{原料成本}}{\text{平均原料存貨成本}} = \frac{\text{原料成本}}{(\text{期初原料成本} + \text{期末原料成本})/2}$$

$$= \frac{800}{(50+110)/2=10} = 10$$

同時我們可由原料存貨周轉率得知原料存貨平均持有天數 =365/10=36.5（天）

存貨管理

企業在存貨控制上大致有二種系統，一是**定期盤存制** (Periodic review system)，一是**永續盤存制統** (Perpetual review system)，分述如下：

1. **定期盤存制**：顧名思義，定期盤存制是每隔一段時期，經由實地盤點的方式，以決定存貨數量與金額，因此，生產部門可估計下次到貨前之需求量，並以此資料決定各種品項之訂購量。

   定期盤存制之優點是：

➡ 訂貨之時間間隔固定，便於管理。

➡ 如果向同一供應商訂購之多種商品能合為一張訂單，可節省訂購與運輸成本並可爭取到數量折扣。

   定期盤存制之缺點是：

➡ 無法得知二次實地盤存間之存貨量。

➡ 必須備有安全存貨，以防二次盤存間缺貨。

2. **永續盤存制**：永續盤存制又稱帳面盤存制，連續盤存制下，管理人員不斷地清點存貨，追蹤存貨的變動，透過

> 定期盤存制：實地定期盤存。

電腦、電子收銀機、POS 系統或**無線射頻辨識** (RFID) 追蹤存貨紀錄，一旦存貨水準低到某一水準 R 時便會發出訂購 Q 個單位的商品的訂單。

永續盤存制之優點是：

➡ 持續的追蹤可對存貨做嚴密的控管。

➡ 每次訂購量一定，若適切的管理可求出最佳訂購量。

➡ 當訂購數量大時可望取得數量折扣。

➡ 安全存貨較低，可降低存貨成本。

永續盤存制的缺點是：

➡ 帳面作業困難。

➡ 為避免失竊、損毀及其他原因使存貨減少，故仍須補以實地盤存，以確保存貨之正確性。

3. **聯合盤點制**：將定期盤點與連續盤點截長補短而進行的物料盤點方法。

複倉式系統

複倉式 (Two-bins method) 在本質上屬於簡單的永續盤存制。一般是用在需求穩定的低價位商品之存貨管理，如螺絲或辦公用品等。顧名思義，複倉系統在實踐上是將存貨存放在兩個不同的容器，先從一個容器提取存貨，用完後再從第二個容器提取，並發出新的訂單。因此觀查存貨降至某特定水準時，就可發出新訂單。複倉式系統通常不需保持存貨記錄，所以很容易管理。複倉式系統也可僅使用一個容器運作；即在單一容器空出時為再訂購點。

ABC 分類法

ABC 分析 (ABC analysis) 是按各品項每年耗用金額占全部品項的百分比，然後根據累計百分比，由大至小順序排列分成 ABC 三類。其中：

Q. 何謂存貨之 ABC 分析？

➡ A 類存貨品項數占全部存貨品項數約 10%，總金額約全部存貨金額 70%，這就是所謂**重要的少數** (Vital Few)。這類存貨應嚴格管制，隨時保持完整、精確的存貨異動資料。

➡ C 類與 A 類恰恰相反，存貨品項數目占全部存貨品項數約 70%，總金額約占約全部存貨金額 10%，這就是所謂**不重要的大多數** (Trivial Many)，例如：耗材等，此類管制可放鬆。

➡ B 類存貨品項數占全部品項數約 20%，總金額約占全部存貨金額 20%，此類管制之強度介於 A、C 類之間。

在實務上，不必拘泥於 ABC 分析中所用的百分比之數字，我們也可定 A 類存貨為品項數占全部存貨約品項數 20%，總金額約占全部存貨金額 60% 等。ABC 分析簡單易懂，故被廣泛應用。

8.5 物料需求規劃

獨立需求與相依需求

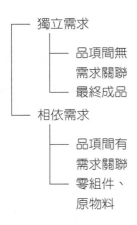

獨立需求
—— 品項間無需求關聯
—— 最終成品
相依需求
—— 品項間有需求關聯
—— 零組件、原物料

根據我們日常經驗，餐廳有一些食材或多或少重複地出現在菜餚中，比方說，第一章之老王牛肉麵不論是紅燒還是清燉，它們都有共同的食材，例如牛腩、蔥等。製造業也是一樣，例如家具工廠，不管哪個型號的桌子、椅子、櫃子，它們可能有相同品號的螺絲釘、木材、油漆等。因此，**物料需求規劃** (Material requirement planning, MRP) 的先驅者 Joseph A.Orlicky 在 1965 年依存貨品項的需求數量與其他存貨的需求數量是否有關聯，首先提出**獨立需求** (Independent demand) 與**相依需求** (Dependent demand) 的概念。一般而言，企業的**最終產品**或製成品為獨立需求存貨，而製程中所使用的零組合件則多屬相依需求。在 MRP 軟體中，最終產品稱為**親項** (Parent)，將製程中可能使用到的原料、WIP 等逐步往下分解後成**產品結構樹** (Product structure tree, PST)，然後決定出零組件之需求量。

Q. 請自行舉例說明相依需求。

例題： 生產一單位產品所而之零組件 A、B、C、D、E、F、G 共 6 項，其 PST 如下：括弧內數字表示可需之數量。

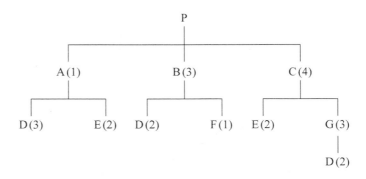

現收到一份 10 單位 P 之訂單，試求要生產這 10 個單位 P 所需之零組件數。

解：

這是標準的相依需求的例子。

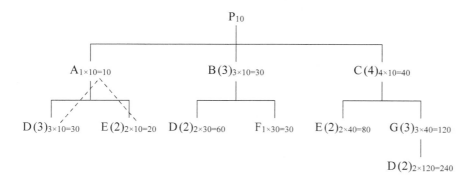

因此我們可將上述結果摘要如下：

階層	品項	數量
0	P	10
1	A	10
	B	30
	C	40
2	E	20+80=100
	F	30
	G	120
3	D	30+60+240=330

MRP

　　有了獨立需求與相依需求之概念後，1970 年代，Orlicky 與 G.W. Plossl 及 O.W. Wight 提出 MRP 的基本架構。MRP 是利用 MPS、物料清單 (BOM)、存貨情況以及**未交訂單** (Open order) 等資料，計算出各種相依物料之需求狀況，提出各種新訂單補充建議，並對已發出訂單的訂購點與數量進行修正的一種實用技術。因此 MRP 就是根據 MPS 來計算物料需求，目的在於解決下面三個問題：

1. 補充什麼材料？(What?)

2. 補充多少？(How many?)

3. 何時補充？(When?)

MRP 原理

當 MPS、BOM、存貨資訊（包括：採購、存貨政策及前置時間等資訊）輸入 MRP 系統，MRP 軟體就會計算淨需求、排定**採購單** (P/O) 及**工作命令單** (W/O) 的時程。

MRP 能妥善安排訂購、生產等之日期，使目標準時完成，並能保持最低存貨水準。因此 MRP 不僅是技術更是種哲學，是排程方法，同時也是一種存貨管制的方法。

MRP 輸入

MRP 在作業時必須輸入的基本資料計有：MPS、BOM 與**存貨記錄檔** (Invetory record file, IRF)。MPS 已說明過，在此就 BOM 與**存貨記錄檔**說明如下：

1. BOM：將產品結構樹之相依需求分解為 BOM，然後根據 BOM 計算各種原物料的最遲需求時間和 WIP 的最遲生產時間。因此 BOM 包括產品之親項與零組件之關係，以及根據工序推導出之使用量。

2. 存貨記錄檔：由 BOM、MPS 根據前置時間分解成之各階段的需求，稱為**毛需求** (Gross requirement)。有了毛需求後便可求出**淨需求** (Net requirement)：

淨需求＝毛需求－現有存貨＋預定接收量的總和

＋安全存貨

存貨紀錄是每個項目在每一時期所儲存的資訊,包括毛需求、預定接收量、預計存貨量等,也包括供應商、存量時間、批量大小以及存貨異動紀錄等。

MRP 輸出

1. 主要報告

MRP 執行完畢會有二個產出,一是主要報告,二是次要報告。MRP 之主要報告有:

➡ **計畫訂單** (Planned order):指出未來訂單 和時程。

➡ **訂單發出** (Order release):授權計畫訂單的執行。

➡ **計畫訂單改變** (Order change):到期日、訂購量,或訂單取消的修正。

Q. 列舉 MRP 之主要與次要報告。

2. 次要報告

MRP 之次要報告具有選擇性 (Optional),包括**績效管制報告** (Performance-control reports)、**計畫報告** (Planning reports)、**例外報告** (Exception reports) 等。

MRP 之效益

企業引入 MRP 可享有以下的效益:

➡ MRP 導入後,原本需要以人工進行之用料計算以及採購、生產等全交由電腦處理,預計可減少約 30% 的人工作業時間,增加工作效率的同時也減少人為錯誤。

➡ MRP 根據 MPS 計算出來的結果較經濟訂購量來得精準,故可降低存貨水準。

➡ 訂單交期準確率上升,並且增加客戶滿意度,替企業形象加分。

Q. 列舉 4 項 MRP 之優點。

➡ 對客戶的收款狀況更加順利，有利於企業財務調度。

及時生產與 MRP 的比較

Q. 比較及時生產與 MRP 不同點。

➡ JIT 是拉式生產系統；MRP 系統是推式生產。

➡ JIT 強調的是零存貨；MRP 在於處理相依存貨的問題，著重於安全存貨或 WIP 的控制。

➡ JIT 採購下之供應商須位於廠商附近，以便進行少量且頻繁的運送；MRP 系統供應商不須位於廠商附近。

➡ 若面臨生產規劃變動時，JIT 僅需經由看板的傳遞即可達成調整的作用；MRP 是由 MPS 驅動，因此生產規劃變動時，必須先修正 MPS。

製造資源規劃 (MRP II)

MRP II 演進

Q. 解釋 MRP II。

　　1980 年代，人們發現若 MRP 系統能涵蓋到人力、機器產能、資金管理…等領域將對生產規劃之擬訂有極大的幫助，因此 MRP 系統將製造、行銷、製造、財務、採購、會計等整合在一個嶄新的作業系統裡，Owight 特稱這個作業系統為**製造資源規劃** (Manufacturing resource planning, MRP II)。

　　顯然 MRP II 更利於部門間的溝通與協調，遇有問題更易於即時解決，同時 MRP II 系統用 "if-then" 的方式對像產品組合改變時對存貨水準之影響或對現金流動影響之類的營運問題進行模擬，大大地增加了管理者之權變能力。當計畫生產量超過產能時，MRP II 還能針對訂單之急迫性去規劃優先處理之順序。

讀者宜注意的是 MRP II 並無法取代 MRP 也絕不是 MRP 的進階版。在 1970 年代的 MRP 重點為成本、排程；到了 1980 年代 MRP II 則為資訊整合。

ERP

如同前面所說的，MRP 的對象是物料需求之成本與排程，MRP II 則是與製造有關資源的整合。而**企業資源規劃** (Enterprise resource planning, ERP) 除了在製造外，也應用在服務業。ERP 將企業有關的業務資訊以模組（如人力資源、供應鏈管理、採購、產品規劃、存貨管理、會計／財務、行銷、配銷、銷售等等）的形態整合到一個大型的資訊系統中，藉由資訊透明化、即時化，以有利於作業過程流暢和事務處理工作自動化，進而使企業能在兼顧各部門的業務現實上的需要和市場需求下做出最佳決策。有人定義 ERP 為**事物處理中樞** (Transactional backbone)。因此 ERP 有以下的功能：

➡ 業務機能導向的資訊化或電腦化。

➡ 作為企業所有業務活動的單一資料來源。

➡ 企業內部業務機能和業務流的集成。

➡ ERP 軟體為企業提供某種業務模式或企業的範本，某些軟體的模型是行業當時的**最佳典範** (Best practice)。

MRP II 之優點

- 統合製造、行銷、工程、財務、採購。
- 用 "if-then" 模擬生產問題。
- 增加管理者之擬變能力。
- 規劃優先性。

Q. ERP 之功能為何？

CHAPTER

09

品質管理

PRODUCTION and OPERATION MANAGEMENT

本章學習重點

9.1　品質管理概說

1. 品質的意義與構面
2. 品質成本的意義
3. 產品的品質保證一般可經由之途徑

9.2　全面品質管理

1. 全面品質管理之定義
2. 指出四位日本品管大師之貢獻
3. PDCA 迴圈的意涵與特色
4. 全面品質管理的主要理念及實施上之五大原則
5. 日本與西方企業在品質管理上之差異

9.3　品管七法

品管七法的意義及應用

9.4　狩野模型與品質機能展開

1. 顧客的心聲在品質上之重要性
2. 了解狩野模型
3. 品質機能展開的目的與基本架構

9.5　持續改善

1. Kaizen 的意義及其與創新不同之處
2. 了解持續改善的理念
3. 方針管理的意義
4. 今井正明的持續改善之五條黃金法則
5. 三現主義

9.6　6 標準差

1. 6 標準差推動之專案團隊
2. 6 標準差推動步驟
3. 奇異公司推行 6 標準差時所訂立之所謂五大評量標準
4. 推行 6 標準差之關鍵成功因素
5. 6 標準差專案失敗原因

9.1 品質管理概說

產品的品質不必然是指高品質，為持續地改善製程，以一致性的產品取得顧客的信賴，讓他們用低代價買到產品。

W. Edwards Deming (1980)

品質的意義

品質 (Quality) 是我們在職場上經常會提到的名詞。要精確地定義它並不容易，我們不妨看看一些常見的定義：

➡ 戴明 (William Edwards Deming, 1900~1993)：品質是要滿足顧客需求，讓顧客滿意，並由顧客來衡量。

➡ 裘蘭 (Joseph M. Juran, 1904~2001)(1974)：品質是**符合使用** (Fit for use)。

➡ 克洛斯比 (Philip B. Crosby, 1926~2001)(1979)：品質是**符合需求** (Conformance to requirements)。

➡ 日本工業標準 (JIS Z8101)：品質是所有特性的全部，包括決定商品或服務是否能滿足使用者之目的的績效。

➡ 中華民國國家標準 (CNS Z4004)：決定產品或服務是否符合使用目的而成為評價物件之固有性質與性能之全部。

➡ 美國國家標準協會 (American National Standards Institute, ANSI) 對品質之定義為：品質是指產品（或服務）之特徵與特性的綜合體，它需要具有滿足既定需求之能力，俾符合顧客期望或超越顧客期望。

除此之外，還有其他有關品質的「定義」，例如狩野紀昭 (Noriaki Kano) 之**狩野模型** (Kano model)、田口玄一用社會損失成本定義之品質等都是。品質的定義不一，但品質要能滿足

學習地圖

狩野模型→ 9.4 節
田口品質定義→ 9.3 節

消費者的需求，大致是當今主流的想法，因此製造業者必須能在消費者購買能力許可下生產合乎消費者期望的產品。

品質的構面 (Dimension of Quality)

顧客可從一些構面來評價產品之品質，包括：

➡ **績效** (Performance)：產品達成其主要特性、預期目標的效能。

➡ **特性** (Features)：針對顧客偏好提供適當的附屬性能以支援產品之績效。

➡ **服務度** (Serviceability)：製造業服務化已是未來製造業必然趨勢，因此產品之服務之重要性不言可喻，像日本汽車的售後服務，就是高服務度的好例子。

➡ **一致性** (Conformance to standards)：產品符合顧客的期望或設計規格的程度。

➡ **安全性** (Safety)：安全性不足之產品根本談不上品質自不待言。

➡ **可靠性** (Reliability) 與 **耐久性** (Durability)：產品功能正常的使用時間長度。

➡ **感官性品質** (Perceived quality)：例如產品之外觀、感覺，這些都是消費者能以肉眼去判斷的，多少帶有主觀與**美學** (Aesthetics) 之成分，不同的消費群對感官性品質有不同的感受。

品質成本

Q. 解釋品質成本。

　　品質成本 (Quality cost) 是為預防及處理產品品質不良所花費的費用。費根堡 (A. V. Feigenbaum; 1922~2014) 將品

質成本概分鑑定成本 (Appraisal cost)、**預防成本** (Preventive cost)、**內部失敗成本** (Internal failure cost) 與**外部失敗成本** (External failure cost) 四大類：

1. **鑑定成本**：為評估產品、操作系統品質水準所花費之成本，包括：採購鑑定成本、作業鑑定成本、測試資料及用料之成本、檢驗儀器之折舊及維護成本等。

2. **預防成本**：為防止不良品發生所支出之成本，包括：品管預防計畫成本、檢驗維修成本、品管訓練之費用、品管制度之建置成本等。

3. **內部失敗成本**：在製造期間發現不良品所造成之費用，包括：產品之設計失敗成本、採購失敗成本、作業失敗成本等，**生產損失** (Yield loss) 與**重工成本** (Rework cost) 是內部失敗成本之二大類型。

4. **外部失敗成本**：交給顧客後因不良品或保固所支出之成本，包括：調查抱怨所支付之費用、退貨損失及**保固** (Warranty) 與訴訟成本等。保固是給顧客在售後一定期限內更換或修復產品瑕疵直到顧客滿意為止之保證，保固對許多商品是必須的。

品質成本
— 鑑定成本
— 預防成本
— 內部失敗成本
— 外部失敗成本

Q. 何謂保固？

品質管理的發展軌跡

品質管理在發展上可以分為三個時期，每個時期各有不同的品質管理哲學與方法，茲分述如下：

品質檢查時代

工業革命前的好幾個世紀裡，商品的品質所憑藉的就是工匠的手藝和經驗。工業革命後，機器代替人工，大量生產

帶來了如**零件可換性** (Parts exchangeability)、標準化和測量的精度等許多新的生產技術與觀念，對產品，大多數是不檢驗，但在某些情況下是採百分之百的檢驗，直到上世紀初還是如此。

泰勒 (F.W. Taylor, 1856~1917) 科學分工的影響下，出現了專業的檢查部門或人員，根據特定標準將產品區分為合格品與不合格品兩大類，以事後把關的方式進行品質管理，但這種方式耗錢耗力，極易延宕出廠，更重要的是仍無法保證品質。

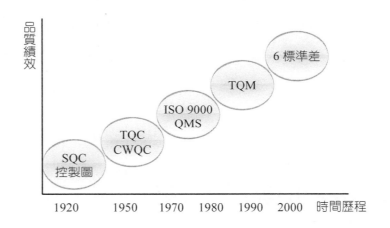

統計品質管制時代

1924 年，美國休哈特 (W.A.Shewhart, 1891~1967) 提出**管製圖** (Control chart) 使品質管理從事後檢驗提升到事先檢驗與預防，1929 年道奇 (H.F.Dodge, 1893~1976) 和羅米克 (H.G.Romig, 1929~?) 提出統計抽樣檢驗方法，至此已到了**統計品質管制** (Statistical quality control, SQC) 時代。SQC 過分強調統計方法，不易理解且缺乏親和力，同時對品質的控制和管理均只侷限於製造和檢驗部門。直到二戰期間美國政府要求承包商遵行，SQC 才被普遍使用。

大師群像—泰勒

泰 勒 (Frederick Winslow Taylor, 1856~1915)，美 國 管 理 學 家；1878~1890 年在費城 Midvale Steel Co 服務期間發展出著名的**時間與動作研究** (Time and motion study)。

他 對 工 廠 **車 間 管 理** (Shop management) 進行系統化的研究，研究作業人員之動作提出改善的方法，結果作業人員的搬運量提高近 4 倍。泰勒同時提出工作者的甄選與訓練原則，根據每種工作所需的生理與智力上的特性甄選工作者，開啟了**工作設計** (Job design) 的先河。

泰勒著作等身，其中《科學管理原理》(The Principles of Scientific Management, 1911) 深深影響了西方大規模生產的想法。

彼得杜拉克認為，科學管理雖然在世界各地都獲得成功，但他認為泰勒並沒有意識到「計畫和執行，是同一體兩面，不能把它們看成兩種獨立的工作。」儘管如此，泰勒仍有工業工程之父的美稱。

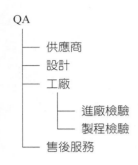

QA
├── 供應商
├── 設計
├── 工廠
│   ├── 進廠檢驗
│   └── 製程檢驗
└── 售後服務

品質保證時代

　　在品質檢查與統計品質管制 (SQC) 的年代裡，產品品質只重視廠內品管，未及廠外品管，後來發現廠外品管也是非常重要，漸漸有了把顧客的需求**納入設計** (Design-in) 的想法。五〇年代品質管理因受到管理學中之行為學派的影響以及國際市場競爭的加劇，產品責任的觀念也在這時期萌生，因此產生了**品質保證** (QA)，是透過組織整體的運作，來確保產品或服務的品質規格在客戶要求的標準之上，並對品質成本進行控制與持續改善。產品的 QA 一般可經由下列途徑達成：

1. 供應商：產品的原材料必須符合規格。

2. 設計：利用 QFD、FEMA、實驗計畫、**愚巧法**等技術，設計出之產品必須滿足客戶的需要與期望。

3. 工廠：工廠的 QA 一般可分為三部分：

(1) 進廠檢驗。

(2) 製程檢驗。

(3) 售後服務保證。

大師群像—威廉 • 戴明

威廉 • 戴明 (William Edwards Deming, 1900~1993)，物理學博士，美國統計學家、作家及顧問。戴明初期在美國農業部服務期間設計了一種抽樣方法；1927 年攻讀博士期間結識了休哈特 (W. A. Shewhart)，從此開始了長期亦師亦友的合作關係。

自 1950 年，戴明多次受日本科技連 (Union of Japanese Scientists and Engineers, JUSE) 邀請，在日本工業界宣講 TQM、統計製程管制 (Statistical process control, SPC) 及持續改善等管理理念。他的演講掀起了日本工業界應用 SPC 和 TQM 的熱潮，這是戰後日本經濟快速崛起的兩大利器，1951 年日本科技連 (JUSE) 把年度品質獎命名為戴明獎 (Deming Prize)。1956 年裕仁天皇授予他二等珍寶獎。戴明在日本的製造業被視為英雄人物，但戴明回國後並未獲得如同他在日本般的重視。隨著日本、德國等國的崛起，美國製造業相對

衰退，NBC 在 1980 年製作了《日本能，我們為何不能？》，美國才突然想起戴明和他的 SPC 及 TQM，到了 80 年代初戴明幫助一些美國製造業在重建上取得重大成功，至此戴明受到全球工業界的歡迎，而一直忙於全球的諮詢業務，直到 93 歲過世。

戴明的主要著作有《轉危為安》(Out of Crisis)、《新經濟觀》(The New Economics) 等，臺灣由天下出版譯本，他的《轉危為安》揭櫫了戴明 14 點原則，被視為 TQM 的理論基礎。

大師群像─休哈特

休哈特 (W.A.Shewhart) 生於 1891 年，加州大學物理學博士。曾任西方電氣廠商 (Western Electric) 工程師，貝爾試驗室研究員，曾先後在倫敦大學和印度等地講學。1924 年提出了「**控制圖**」(Control chart)，1931 年起休哈特陸續出版了《產品生產的品質經濟控制》(Economic Control of Quality of Manufactured Product)，書中強調**變異** (Variation) 存在於生產製程的每一個角落，可以用如抽樣和機率來分析，1939 年休哈特完成《品質控制中的統計方法》(Statistical Method from the Viewpoint of Quality Control) 一書，並發表大量文章。他在抽樣和控制圖方面的著作引發了包括戴明和裘蘭在內之許多品質界人士的興趣，並產生重大的影響。他與戴明共同提出的 PDCA 循環也被其他人廣泛的應用。

9.2 全面品質管理

年輕人應該隨時擁有解決問題的動力，他特別提出 Intelligence × Knowledge × Skill × Motivation 這樣的概念，勉勵後進繼續為品質的進步而努力。

田口玄一博士鼓勵年輕人的話

全面品質管理定義

上世紀六〇年代，企業發現員工在品質上擁有共同的工作認知與價值觀，可以反映出一個企業的品質文化，而優良的產品必來自良好的品質文化。在這個氛圍下，費根堡 (A · V Feigenbaum) 在 1961 年提出了**全面品質管理** (Total quality management, TQM)。它是以最經濟的，充分滿足客戶要求的條件下進行市場研究、設計、生產和服務，TQM 把企業各部門的品質活動構成一體，從此提升品質是全體員工的責任。

就品質管理的發展進程而言，品質管理是由 SQC 而 QA 最後 TQM 逐步演變的：

➡ **統計品質管制**：首重製造過程之品質檢測作業，製程監視、測量、抽樣、繪製管制圖等都是常用之手段。

➡ **品質保證**：首重產品設計之品質改善作業，改良設計、實驗、錯誤發現與改善，**同步工程**、產品測試、製程改善…等都是常用之手段。

➡ **全面品質管理**：首重品質文化建立之整合管理，組織文化、領導、教育訓練、團隊合作…等都是常用之手段。

1990 年代末許多世界級企業實施 TQM 的成功經驗，證明它是使企業獲得核心競爭力的管理戰略。品質的概念也從符合規範發展到以顧客滿意為目標。TQM 透過企業文化改造，不僅提高了產品與服務的品質，而且對企業產生重大的影響。

全面品質管理的重要理念

TQM 的主要理念如下：

1. **事先預防**：強調第一次就做對。

2. **系統導向**：從設計而生產到售後服務，任何一個環節或個人出了差錯，都會影響到品質。

3. **動態導向**：持續地開發新產品來滿足顧客的消費需求。

4. **前瞻導向**：企業推出新產品的同時，對手也會如此，因此必須完全掌握顧客，進一步強調要推出前瞻性的產品，引領風潮。

全面品質管理實施原則

TQM 時代，強調組織對品質的要求，TQM 有三大哲學：

1. 持續改善。

2. 全員參與。

3. 顧客滿意。

門田安弘之
TQM五大原則

── 顧客至上
── 全員參與
── 品質承諾
── 永續改進
── 事實管理

門田安弘續將 TQM 三大哲學發揚光大，他認為實施 TQM 必須遵守下列五項原則：

1. **顧客至上**：TQM 以顧客滿意為核心，顧客包括內部顧客及外部顧客兩部分。

2. **全員參與**：強調企業中的所有部門、所有的人員都要肩負著品管的責任。這種夥伴關係是推動 TQM 的基石。

3. **品質承諾**：這裡所謂的承諾不是應允某事，而是說改善活動必須能長久、持續，因此必須在高階主管的認同下讓所有人員一起為提升產品及服務品質而努力。

4. **永續改進**：永續改進有兩個層面，一是企業內部品質不斷地改進；一是持續地了解外部顧客的需求以提供新的產品及服務。

5. **事實管理**：企業必須隨時掌握可靠的資訊，包括內部的生產資訊、外部的顧客需求與競爭者的動向，並根據這些資訊持續改進以滿足顧客的需求。因此，**事實管理** (Management by fact) 是實施 TQM 必須掌握的重要原則。

　　TQM 雖被公認可作為企業改善競爭力的工具，但它絕不是萬靈丹，TQM 在實踐上應注意到：

➡ TQM 方案著重品質，然而企業競爭力有快速反應 (QR)、研究發展 (R&D) 能力、價格優勢，不是只有品質一端。

➡ TQM 在實施前若未能有縝密計畫那麼品質不會有顯著改善。

➡ TQM 在實施上若未能與企業策略乃至市場績效相結合，那麼績效不彰、決策錯誤，事倍功半，將是意料中之事。

　　要注意的是 TQM 本身應沒有問題，但企業或個人誤用或誤解才是造成 TQM 不利之主因。

全面品質管理推動之障礙

　　TQM 在企業推動並非無往不利，檢討其執行時之障礙有：

1. 無法建立全公司共同接受之品質定義，以致成功衡量的標準不一，造成員工的目標並不一致，加上組織內部缺乏有效之溝通，以致各行其事，這當然不利 TQM 之推動。

2. 在組織上，管理階層缺乏領導力，不信任員工，遑論員工賦權，也無激勵措施，其次在推動 TQM 前未有足夠的品質宣導，執行時亦未挹注足夠之資源，此諸種種以致無法給員工有接受 TQM 之強大動機。

3. 在推動上，缺乏策略計畫以因應內、外部之改變，尤其推動 TQM 時往往會偏忽了「顧客滿意」而捨本逐末。

4. 在觀念上，TQM 是個長期的品質改善工作，它絕不可能立竿見影，有些企業因未能在短期內見到成效或未見財務上之成果，以致中途放棄。

全公司品質管制

上世紀六○年代，TQM 傳到日本後，日本把它內化成**全公司品質管制** (Company wide quality control, CWQC)。在這時期，日本也出現一些世界級之品管大師，他們的學說與理念對品質管理之理論與實踐上都有深遠之影響。例如：田口玄一之品質工程、石川馨之魚骨圖、今井正明的**改善** (Kaizen)、次尾洋二的**品質機能展開** (QFD) 等。1979 年 Vogel 出版了《日本第一》一書，以及 1980 年美國 NBC 播出了「日本能，為什麼我們不能？」，促成了美國企業界反引進日本的品質管理。時至今日 TQM 與 CWQC 在內容上已無區別。

CWQC 上之特色

Q. 指出 CWQC 之五個特點。

戴明與裘蘭於上世紀五○年代將美國以統計抽樣為主軸的西方品管技術到日本後，在石川馨、田口玄一等的推動下，

催生了全 CWQC，它有以下特點：

➡ 不斷改進的品質目標，拒絕接受西方所謂的**可接受品質水準** (Acceptable quality level, AQL)。

➡ 品管是由公司全體人員負責，而非僅由品管部門負責。

➡ 對每一製程全面實施品管，而非隨機檢驗。

➡ 測量那些看得見、簡單並易為人了解的品質。

➡ 自行開發自動化的品質測定裝置。

PDCA 迴圈（又稱為戴明迴圈）

戴明認為 TQM 必須是一個持續不斷改善的過程，就好像一個輪子不斷地向上滾動。它在架構上包含：

1. **規劃** (Plan)：對所要進行或改善的事物進行規劃。戴明認為 PDCA 迴圈，必須先做好規劃 (P)，再繼續後面的步驟。規劃 (P) 之程序大致很像我們以前說過的 FEMA：

➡ 分析現狀，找出問題。

➡ 分析造成問題的各種影響因素。

➡ 找出主要影響因素。

➡ 針對主要影響因素，制定因應計畫。

若規劃上未見嚴謹縝密，就會使方向失準而徒勞無功。

2. **實施** (Do)：規劃後接著要實施、試行或實驗，並記錄其結果以及各種異常狀況，以使每個人真正了解規劃及工作內容，必要時還要輔以訓練。

3. **檢討** (Check)：實施結果與規劃比較、檢討分析後，找出成功及失敗之所在，檢討其原因。

戴明後期將 PDCA 之 C(check) 改為 S(study)，即用研究代替檢查，因此有些作者用 PSCA 代替 PDCA。

Q. 敘述 PDCA。

4. **處置** (Action)：就檢討結果，決定是否繼續維持採用、修正、或尋找其他方案，來進行下一迴圈。

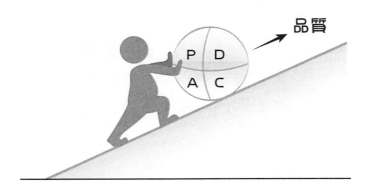

Q. 解釋 PDCA 迴圈有何特色。

我們可看出 PDCA 迴圈有以下特色：

1. **大環帶小環**：將企業的整體工作視為一個大 PDCA 迴圈，各部門工作為各自獨立的小 PDCA 迴圈，大環帶動小環構成一個運轉的體系。這就好像地球（大環）繞著太陽運轉而月亮（小環）繞著地球運轉。

2. **階梯式上升**：PDCA 每迴圈一次，就會解決一部分問題，因此 PDCA 迴圈持續運轉下，品質水準當然也會不斷地改進提升。

　　彙集成功經驗，制定**相應標準** (Act on the results)。將未解決或新出現的問題轉入下一迴圈。PDCA 迴圈應持續進行，以不斷地改進產品或製程，即便是少量的，不是那麼重要的改進，經年累月累積下也可創造出意想不到的成果。日本品管大師石川馨 (K. Ishikawa) 指出，企業內部 95% 以上的品質問題都可以透過 PDCA 迴圈加上品管七法之類的統計工具加以解決。因此 PDCA 迴圈若能落實，那麼企業必定能夠到達最佳的狀態。

SDCA

今井正明認為推動 PDCA 迴圈前必須做好 SDCA 迴圈，兩個迴圈呈交互進行。這裡的 SDCA 分別是**標準** (Standard)、**實施** (Do)、**檢討** (Check)、**處置** (Action)，我們已經談過實施、檢討、處置，因此只須對標準作一說明。

根據門田安弘對「標準」的說法，標準是使作業人員更安全、更容易地工作，以及確保顧客滿意度、提升產品或服務之品質及生產力的最有效工作方式，因此標準有四大特徵：

1. 標準是最好、最容易與最安全的工作方法。
2. 標準是保存技巧和專業技術的最佳方法。
3. 標準是衡量績效的方法。
4. 標準是表現出因果關係的方法。

Q. 門田安弘認為 SDCA 中之標準有哪些特徵？

我國國家品質獎

中國大陸、美國、歐洲等許多國家都設有國家品品質獎，我國自 74 年行政院科技顧問會議決議設立國家品質管制獎，這是國內品質界之最高榮譽。國家品質獎之企業獎及中小企業獎原僅限於製造業，自第六屆起增列非製造業之資訊服務業、倉儲業、零售業、運輸業、土木工程業、建築工程業及旅館業等七行業，90 年又再開放醫療、教育、金融、保險、貿易、水電燃氣、工商服務、財團法人、社團法人等政府單位以外之行業。

國家品質獎旨在獎勵推行 TQM 有傑出成效之企業，建立品質管理的典範，讓企業能夠學習觀摩，邁向高品質的境界，透過評審內容與程序，清楚地將這套品質規範，成為企業強化體質與增加競爭力的**標竿**。

9.3　品管七法

求知若飢，虛心若愚。 (Stay hungry. Stay foolish.)

賈柏斯

　　QC 七大手法是建立在統計方法上，它能協助品管人員根據客觀的生產數據來採取相應的矯正行動或預防措施，這七種手法不但能使製程處於穩定狀態，也可改進製程及產品品質。根據石川馨的經驗，只要運用得當，95% 以上的品質問題是可以透過七大手法加以解決的。

QC 七大手法

1. **流程圖：流程圖** (Flow chart) 顯示整個作業之流程。流程圖的各個階段均用符號表示。並用箭線顯示出它們在系統內的作業流程。

   在建構流程圖時，首先確認製程之步驟以及每個步驟是**處理** (Process) 還是決策，繪製時不宜過於瑣碎，但也不要遺漏重要步驟，QC 所用之流程圖與計算機概論大致相同。

📊 **表 9-1** 常用流程圖符號

符號	意義
⬡	開始 (Start)—流程圖開始。
▭	處理 (Process)—代表處理程序。
◇	決策 (Decision)—代表不同方案之選擇。
→	路徑 (Path)—代表製程步驟之方向。
⬠	連接 (Connect)—流程圖向另一流程圖之出口，或從另一地方入口。

表 9-1 常用流程圖符號（續）

符號	意義
	文件 (Document)－輸入或輸出之文件。
	結束 (End)－代表流程圖終止。

2. **散布圖**：散布圖 (Scattering chart) 是將製程中收集到的
    品質數據畫在直角座標紙上。由散布圖之分布情形可以
    概略地看出兩群資料間是否有相關性，趨勢性，以及是
    否有**異常數據** (Outlier) 等，因此散布圖又稱為相關圖。
    散布圖可用以探討潛在原因。

▶圖 9-1

散布圖

3. **管制圖**：管制圖 (Control chart) 可用於分析和監控製程
    中的機遇變異。因為管制目的不同而有許多不同形式的
    管制圖，例如：

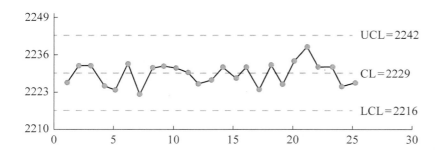

▶圖 9-2

管制圖

4. **直方圖**：直方圖 (Histogram) 是從製程中收集來的品質數據畫成，由直方圖可看出產品品質的分布情況，判斷生產製程狀態是否正常？是否穩定？品管人員除可用直方圖判斷和預測產品品質、良率外。還可用來制定規格界限，決定產品改進之所在與力道。

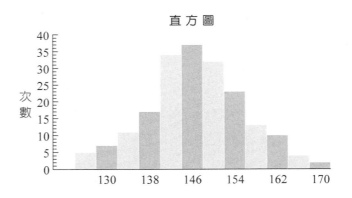

▶圖 9-3

直方圖

引用義大利經濟學家柏拉圖，他研究義大利的經濟現象，發現全義大利的財富集中在少數人的手中，這個現象後來用圖形來顯示，就成了大家耳熟能詳的柏拉圖了。

5. **柏拉圖**：柏拉圖 (Pareto diagram) 是從製程中收集來的品質資訊，將異常狀況之起因，按出現頻率從高到低排列成柱狀的圖表。由柏拉圖可看出各種原因所占之比率，然後對圖上的重點項目，進行深入的探討，亦可用做問題改善前、中、後的比較分析，確認改善對策的效果。

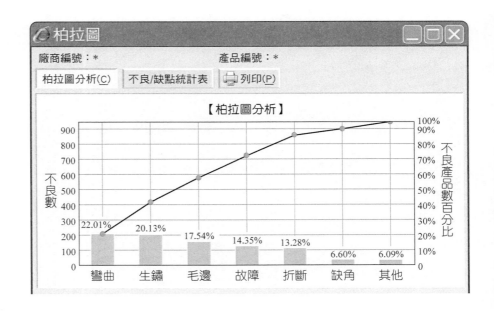

▶圖 9-4

柏拉圖

6. **特性要因圖**：將問題的特性，與造成該特性之重要原因（要因）歸納整理而成之圖形，故也稱之為「**因果圖**」(Cause-effect diagram)。由於其外型類似魚骨，因此又稱為**魚骨圖** (Fish bone diagram)。魚骨圖是由日本品管大師石川馨所發展出來的，也稱石川圖。特性要因圖是發現問題「**根本原因**」(Root cause) 的方法，我們可以用腦力激盪的方式找出影響問題特性的一些因素，並按相互關聯性整理出的一個層次分明、條理清楚，並標出重要因素之魚骨狀圖。

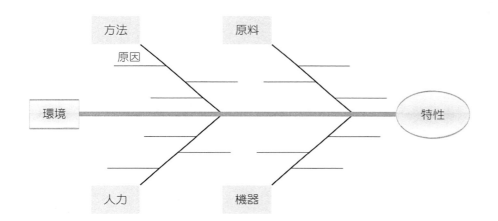

▶**圖 9-5**

特性要因圖

特別檢查表－以襪子為例

還有一種比較特別的檢核表，它對結構單純之物件極具醒目之功能，例如襪子工廠，品管工程師對襪子成品之抽樣檢查結果，"×"表示品質不良如脫線，"○"表示有小洞。

7. **檢核表**：現場人員可根據**檢核表** (Check list) 有系統地收集資料，並加以統計整理，作為進一步分析或查核之用。檢查表是 QC 七大手法中最簡單也是使用得最多。

📊 表 9-2　自主檢查表之一個例子

發電機安裝自主檢查表　　　表單編號：

工程名稱				
承攬廠商				
檢查位置		檢查日期		
檢查時數	□檢驗保留點　□施工中檢查　　□施工完成檢查			
檢查結果	□檢查合格　　✕有缺失需改正　╱無此檢查項目			
檢查項目		檢查標準	檢查值	檢查結果
1.　發電機廠牌、型號是否符合要求				
2.　發電機基礎臺是否堅實平穩				
3.　基礎臺是否有避震設備				
4.　發電機進風口尺寸夠否				
5.　油箱、油管是否完成				
6.　排煙管是否有防震軟管				
7.　排煙管是否有消音器				
8.　排煙管是否有黑煙抑制器				
9.　排煙管管壁是否符合要求厚度				
10. 是否有冷卻水系統				
11. 電表完整、充電否				
12. 電力輸出端是否以軟鋼帶銜接				
13. 發電機四周牆壁隔音設備適當否				
14. 系統功能測試是否正常				

缺失檢查結果：
□已完成改善（檢附改善前中後照片）
□未完成改善，填具「缺失改善追蹤表」進行追蹤改善
　檢查日期：　　年　　月　　日
　複查人員職稱：　　　　　簽名：
工地主任簽名：　　　　　現場工程師簽名：

9.4　狩野模型與品質機能展開

今天的企業家贏在學習，勝在改變！

網路文章

狩野模型

　　品質的許多定義中不乏涉及**顧客的心聲** (VOC)、顧客的需求、顧客的滿意度，但其中以日本品管大師狩野紀昭於 1984 年提出之**狩野模型**又稱為**二維品質模型** (Two-dimension quality model) 最具獨創性，因此在談**品質機能展開** (QFD) 前不妨對狩野模型有一了解。

　　二維品質模型顧名思義是由兩個維度所構成：一維是顧客滿意程度，一維是產品品質。前者係屬顧客之主觀的滿意度，而後者則屬客觀的產品機能或功能。狩野教授指出，品質要素包括四部分，分別為：

1. **無差異品質** (Indifference)：這部分之品質水準並不會影響到客戶滿意度，簡單地說，客戶對產品中品質無感，也就是這部分之品質與客戶滿意度不具差異性。

2. **魅力品質** (Attractive)：魅力品質也稱為喜悅型品質，這是客戶意想不到的品質，它直指顧客心靈層面的品質，故可創造客戶深度滿足。

3. **一維品質** (One-dimensional)：一維品質也稱為**成果** (Performance) 品質，它是當產品品質越好或是需求越受到滿足時，客戶滿意度越高，兩者呈現出線性的關係。

4. **必要品質** (Must-be)：必要品質也稱為**基本** (Basic) 品質，它是產品的基本要求，不論產品品質如何提升，客戶滿意度在必要品質上有一個上限，換言之，必要品質對顧客有些影響，但不能不做，否則顧客會不滿意。

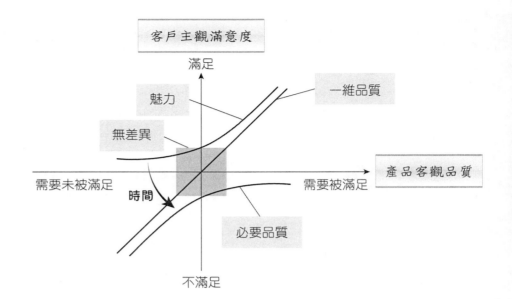

▶圖 9-6

狩野模型 (Kano model) 示意圖

顧客之需求是往上走的，因此，魅力品質會隨時間推移而變成必要品質，設計者必須對魅力品質、一維品質、無差異品質重新定義，並調整在品質上之力道，以免浪費精力在改善已成為無差異品質之事物上，因此，狩野認為唯有掌握不同層級品質與品質需求，才能站在更高之制高點來掌握品質水準，並且提供不同客戶不同產品與服務。

由狩野模型我們可得下列之啟示：

➡ 並非所有的顧客需求都同等重要。

➡ 解決所有的顧客需求對顧客滿意之影響並非相同。

以咖啡廳為例說明狩野模式：

1. 無差異品質：服務人員之制服設計。

2. 魅力品質：服務人員貼心的服務。

3. 一維品質：咖啡品質，咖啡配點之多樣化與新鮮度。

4. 必要品質：優雅的店面陳設，清潔不吵雜的環境。

Production and Operation Management

大師群像—狩野紀昭

狩野教授為東京大學工程博士，師承品管大師石川馨，任教於日本東京理科大學，長期鑽研品質管理，並致力於品質學術與實務之傳播，狩野國際講學與顧問服務遍及四大洲五十個國家，並促成亞洲品質網路之成立，被公認為當今品質管理大師。

狩野教授的主要貢獻為提出「二維品質模式」、「魅力品質」概念，並廣泛地應用於產品的設計、服務以及品質改善上，「Kano Model」已經成為「二維品質模式」的代稱。

狩野教授最常舉的一個妙喻：瑪麗與約翰從小是鄰居，小時候常玩在一起，但彼此並沒什麼特殊的感覺（無差異品質）。二人到了十七、八歲以後漸生愛苗，只要有看到對方就很高興（魅力品質）。後來瑪麗與約翰結婚了，瑪麗陪同並幫忙處理家事的時候，約翰就覺得很幸福，否則約翰就顯得失落（一維品質）。再過幾年後，瑪麗表現得再好，對於約翰來說也漸漸無感（必要品質）。

狩野教授除曾獲選為 IAQ(International Academy for Quality) 院士，並榮獲日本戴明獎個人獎。狩野教授也是人道主義的實踐者。狩野教授在臺灣、新加坡等地密集講學，將講學收入捐贈當地品質組織，提攜後進。

狩野曾擔任聯電、英業達、臺灣飛利浦等大企業之管理顧問，他曾表示，臺灣是他第二個家，能獲得中原大學頒贈名譽工學博士學位感到非常榮幸，狩野並支持臺灣之品質組織、專家學者與國際接軌

品質機能展開

1972 年日本三菱公司神戶造船廠開創了一種新產品開發的方法，稱為**品質機能展開** (Quality function deployment, QFD)，嗣後豐田加以發揚光大。

根據赤尾洋二 (Yoji Akao, 1928~) 的定義，QFD 為「將顧客的需求變換成代用特性（品質特性），以決定製成品的設計品質，並就各種機能零組件的品質，以至個別零組件的品質或工程要素，將其間的關係作有系統的展開。」因此 QFD 的目的在於：

1. 確實掌握顧客真正的需求。

2. 防止製程間資訊傳遞漏失。

3. 縮短產品開發時程。

QFD 的基本架構

基本上，QFD 首要傾聽顧客的意見，將客戶需求轉化為產品設計要求之工程管理技術。QFD 稱顧客對於產品或服務的需求和偏好為**顧客要求** (Customer requirements) 或**屬性** (Attributes)，QFD 在實踐上，是根據顧客要求去評估產品品質特性的重要程度並針對產品之關鍵特性，將廠商的產品與其他競爭者的產品比較與評量、競爭現況統合在**品質屋** (Quality house)，這是一張類似屋狀的矩陣表格。

品質屋結構

品質屋各部分說明如下：

1. 客戶需求（品質屋最左側部分）：根據設計初期所做的市場調查或與使用者訪談結果，將使用者對產品之期待需求進行排序列表。

2. 技術需求（屋頂下方部分）：根據使用者的需求，確認所必須應用或具備的技術。

3. （品質屋中間部分）：品質屋中間部分是使用者需求及技術面需求的加權矩陣，並依客戶需求與技術需求間之相互關係賦予**權重** (Weight)，相互關係強者權數高，相互關係弱者權數低，若毫無關係則為 0。在原子筆的例子，客戶需求的「書寫流利」與「筆尖組件設計」有強烈關係，因此我們給出的權數為 9。這種賦予權數的方式除專家的專業判斷外，也多少帶有一些主觀性。

4. 技術相關（品質屋頂端屋頂部分）：為技術關聯矩陣，它表示研究發展人員對各項技術相互關聯性的評估。

5. 技術競爭及技術規格（品質屋最下方部分），為技術目標矩陣，包含由「中間段部分」使用者需求與技術需求之關聯矩陣與「最右側部分」評估設計所得出之各項技術排名順序、各項技術間效能比較的資訊、以及技術目標與規範。

6. 市場競爭（品質屋最右側部分）：規劃中的產品與目前現有產品間的比較及排名順序。

Production and Operation Management

品質屋案例說明

我們以原子筆為例，說明品質屋。

品質屋是以客戶需求的展開，提出技術的要求。以技術的要求尋求工程措施並定出規格目標，評估：客戶需求與技術要求的相關程度，技術要求之間的相關程度，以及產品的競爭能力及技術的競爭能力。

1. 客戶的要求：書寫流利、永不褪色、外形美觀、使用方便、適度耐用、價格適中為訴求。

2. 技術的設計要求：筆尖組件設計；油墨濃度；油墨成分；收放機構；外形設計；成本控制；材料。

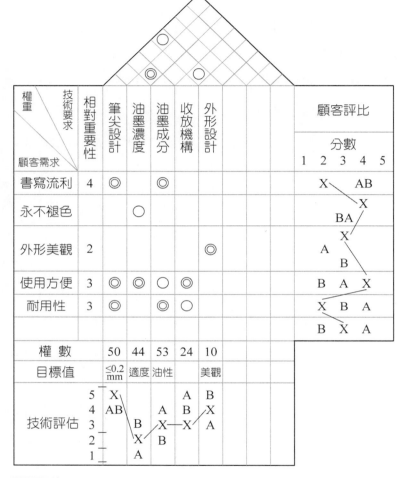

權重 技術要求 顧客需求	相對重要性	筆尖設計	油墨濃度	油墨成分	收放機構	外形設計	顧客評比 分數 1 2 3 4 5
書寫流利	4	◎		◎			X AB
永不褪色			○				BA X
外形美觀	2				◎		A X B
使用方便	3	◎	◎	○	◎		B A X
耐用性	3	◎		◎	○		X B A
							B X A
權　數		50	44	53	24	10	
目標值		≤0.2 mm	適度	油性		美觀	
技術評估	5 4 3 2 1	X AB B X A	A X B	A X—X B	A B B X A		

1. 關聯程度
   ◎強烈之正關係　○中度之正關係　X中度之負關係　＊強烈之負關係
2. 顧客評比
   X：本公司　A：A公司　B：B公司
3. 關係矩陣
   ◎強關係=5　○中等關係=3　△弱關係=1

9.5　持續改善

我原本以為日本只有兩種宗教：佛教與神道教，如今才知道他們還有第三種：
改善。

Cabot 公司的資深副總裁 William Manly

改善的理念

　　持續改善（Continuous improvement，日文發音 Kaizen）
是今井正明提出的管理概念，它含有相當多戴明的想法。
Kaizen 的意思是「企業全體人員之連續不斷的改進、完善」，
但狹義的改善就是「對企業現場所做不斷的改進和完善」。

　　改善 (Kaizen) 特別強調小集團活動，員工參與意識和工
作自律性，使企業不斷小幅度地取得完善和進步。改善是日
本管理部門中最重要的理念，也是生活方式哲學，更是日本
人競爭成功的關鍵。

　　從改善者之角度來看，品質、成本、交期這三個企業目
標中，品質應永遠具有優先地位。產品品質有缺陷，那麼再
好的價格和交期也枉然，要落實品質第一，必須堅持「絕不
要把不良品傳遞到下一製程」。

　　改善有兩個主要機能：**維持** (Maintenance) 和**改進**
(Improvement)。維持是在確保企業內的每個人都按照標準來
作業。改進則是提升現有標準。要想徹底解決問題，必須認
清問題的本質，因此要從搜集和分析相關資料著手，然後找
出解決問題的辦法和提出進一步完善的措施。為了保證能成
功地導入改善，首先要引入 SDCA 迴圈等現有的製程標準化
係穩定下來後才可以引入 PDCA 迴圈，這些我們先前都有詳
細說明，故不贅述。

kaizen 之英文譯
做 Continuous
improvement，同樣
是改善，從日文漢字
為「改善」，從英文
翻譯則為「持續改
善」，兩者指的都是
同樣東西。

主要的改善活動

Q. 今井正明認為要想成功導入改善，必須完成哪些系統？

今井正明認為企業要想成功地導入改善的話，就必須完成以下系統：

1. TQM。

2. TPM。

3. JIT。

4. 方針展開 (Policy deployment；Hoshin Kanri)。

5. 提案制度。

6. 小集團活動。

方針管理

上述 6 大系統中除方針管理外，本書都在前面幾個章節中已有詳述，因此本在此只就方針管理做一說明。

方針管理之日文發音為 Hoshin Kanri，Hoshin 在日文是閃亮的金屬指針，引申為方針、政策等，Kanri 則是管理和控制的意思。Hoshin Kanri 亦被稱作為**政策展開** (Policy deployment) 或**方針規劃** (Hoshin planning)。

今井正明認為改善必須先要有一個目標，並有周密的準備以及控制。企業的最高領導層必須首先規劃出一個長期的發展戰略，然後再分解為中期和年度目標並將改善的方針展開成計畫，最後傳遞到現場。交大戴久永教授認為國內許多公司單獨施行品管圈，未與方針管理相結合，效果自然大打折扣。

改善的手段

改善對員工而言，並不難去理解和導入。但是，如何使員工將改善之成果能**自律** (Self-discipline) 地持續向前推進卻是困難之所在。

因此今井正明提出改善之**五條黃金法則** (Five golden rules)：

1. 有異常狀態時要先去現場。

2. 檢查發生問題的物件。

3. 當場採取暫時措施。

4. 找出問題癥結所在。

5. 使應對措施標準化，以免類似問題再次發生。

Q. 何謂改善五條黃金法則？

三現主義

由今井正明之改善五條黃金法則，讓我們聯想到日本製造業之所謂的三現主義：**現場** (Genba)、**現物** (Genbatsu)、**現實** (Genjitsu)。現場就是我們曾說的能產生附加價值活動的場所，現物是指現場裡的有形物件：機器、在製品、不良品等都是，現實則是事實調查所得之資訊。現場有任何問題時，必須趕赴現場，透過現物、現實再來思考解決對策，但是解決問題單靠三現主義是不夠的，還必須有理論和原則作為後盾，如果能有足夠資源的挹注，必能享有改善帶來的附加價值及利益。

三現
├── 現場
├── 現物
└── 現實

改善活動程序

1. 選擇工作任務：首先要闡明選擇這個專案或任務的理由。通常是基於企業的發展目標或有重要性、緊迫性或經濟性的原因。

2. 弄清當前的情況。

3. 對收集到的資訊進行深入分析，以便能弄清事情的背景及原因。

4. 在分析的基礎上研究對策。

5. 導入、執行對策。

6. 觀察並記錄採用對策後的影響。

7. 修改或重新制訂標準，以避免類似問題的再次發生。

8. 檢查從步驟 1 到 7 的整個製程，據以引入下一步的行動。

這種程序也和 PDCA 迴圈的原則相一致：從步驟 1 到 4 主要是規劃 (P)，步驟 5 是執行 (D)，步驟 6 是檢查 (C)，步驟 7 和 8 是調整 (A)。另外，將問題的改善過程視覺化以及在問題的解決過程中積極交流，並建立高效的記錄文檔資料，這些都有助於持續改善活動的推動。對於導入 ISO9000 或 QS9000 的廠商在準備階段必須同時導入改善，否則 ISO9000 或 QS9000 將會流於形式。

9.6　6 標準差

Nothing wrong. Anything right.

Glenn Mazur

統計的角度看 6 標準差

　　品管工程師為了解某個**批量** (Lot) 的產品或零組件是否符合規範，便會從中抽取一組樣本，針對某個**品質特性** (Quality characteristics) 計算它的平均數、標準差或其他統計參數，如**全距** (Range) 等。統計上，σ 是（母體）標準差，表示資料分散程度。

　　傳統之統計品管要求的品質特性水準在平均數 ±2.58 個標準差內，依**常態分配** (Normal distribution)，落到界線外的比率約為 0.5%。也就是說，那麼一百萬個產品中有 5000 個瑕疵 (Parts per million, ppm)。但 **6 標準差** (Six sigma) 要求一百萬個產品中只允許有 3.4 個瑕疵。**6 標準差**在觀念上並無新奇或難懂之處，但在實踐上或心理建設上則甚具有挑戰性，因此我們必須注意這些數字背後的管理意義。

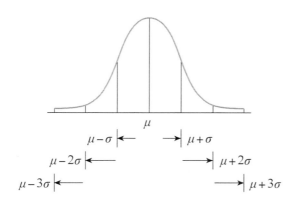

6 標準差

1970 年代末期 Motorola 公司總裁 Robert W.Galvin(1922~2011) 鑒於日本同業不論在品質水準或管理上都優於 Motorola 公司約 1,000 倍，於是決心將廠商的品質水準提升到 6 標準差層次，該公司也因而獲得美國國家品質獎其後又經 1995 年 GE 執行長 Jack Welch(1935~2020) 大力倡導下，6 標準差聲名大噪。

6 標準差推動之專案團隊

企業通常是專案方式導入 6 標準差。專案團隊成員須具備機率統計，以及統計分析軟體 (如 SPSS) 與量化分析知識等。6 標準差實際推動經驗的人都被賦予類似東方武術特有的稱謂，例如 **盟主** (Champion)、**大黑帶** (Master black belt)、**黑帶** (Black belt)、**綠帶** (Green belt) 等，帶著新手一同接受訓練：

➡ **盟主**：定義專案和領導 6 標準差計畫的資深經理人。

➡ **大黑帶**：大黑帶具有一身的技術和教學、領導能力之全職指導員，他要檢查和督導黑帶人員之進度，並協助排除障礙，以改善專案之效率。

黑帶：領導、改善技術。

➡ **黑帶**：黑帶是專職的品質主管，負責領導團隊，黑帶重點在關鍵製程上，並向盟主回報成果。

綠帶：協助黑帶。

➡ **綠帶**：綠帶是黑帶、大黑帶訓練出來的基層人員。他們是以兼職方式執行 6 標準差專案，因此綠帶也要兼顧他原本份內工作。

6 標準差之專業團隊中以黑帶與綠帶最為重要。

　　黑帶是專案製程改善的專家；他必須具有 **6 標準差**的問題界定、資料分析、績效衡量等所需要的統計工具與技術；他也必須了解如何組成團隊及領導小組，去進行專案改善。因此，一個稱職的黑帶，必須有較長時間的養成教育，在培訓過程中，有專案改善實效的人才能獲頒黑帶。綠帶是黑帶的助手，協助黑帶順利展開 6 標準差之各項活動。

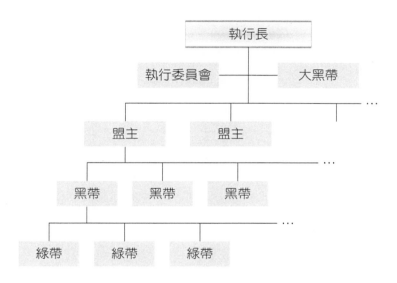

▶**圖 9-7**

6 標準差專業團隊示意圖

6 標準差推動步驟

　　6 標準差推動步驟：**界定** (Define) → **量測** (Measure) → **分析** (Analyze) → **改善** (Improve) → **控制** (Control)，合稱「DMAIC」：

1. **界定**：界定核心製程和關鍵顧客，鑑別顧客需求並評估其影響程度、決定專案之目標及範圍等，導正團隊處理問題的正確性。推動前必須明訂可衡量目標、品質不良情形及確定 6 標準差在推動後，以及可在最短期間內會有最大效益之項目。

6 標準差之管理
程序除了 DMAIC
外還有 Joseph
and Zion(2002) 之
DMADV：

1. D(Define)：
   建立專案目標、
   權責與基礎架
   構。
2. M(Measure)：
   衡量顧客需求與
   關鍵品質特性。
3. A(Analyze)：
   針對可供選擇的
   方案或關鍵品質
   特性進行分析。
4. D(Design)：
   針對顧客需求進
   行最佳化設計。
5. V(Verify)：
   確保研發品質能
   夠符合顧客需
   求。

2. **量測**：運用管理及統計工具，掌握對應流程。根據**顧客的聲音** (VOC) 找出「**品質關鍵要素**」(Critical to Quality, CTQ) 來評估量測系統，及製程能力。QFD 是個好工具。

3. **分析**：運用統計分析未來探究誤差的根本原因，檢測影響結果的潛在變數，找出瑕疵發生的最重要原因。

4. **改善**：找出最佳解決方案，擬訂行動計畫，確認改善方案是否真能發揮減少錯誤之效用。

5. **控制**：決定控制關鍵少數因子的能力，並導入流程控制系統。控制是為了確保所做的改善能夠持續下去，這是保證長期改善品質與成本的關鍵。

由實施的過程來看，**6 標準差**整合了統計方法、品管 7 大手法及系統工程等領域以解決業務經營上的問題，因此 **6 標準差**是個品管活動、問題解決的工具、也是企業之全面體質改善活動之有效策略。

6 標準差的五大評量標準

各企業導入 6 標準差時之評量標準可由企業依需要自行訂定，評量標準大致包含以下項目：

1. 顧客滿意度：進行顧客調查，請顧客打分數，並就每項品質必要條件選出表現最好的廠商。

2. 品質成本：包括品質評量、內部成本、外部成本三項元素。

3. 供應商：追蹤每百萬件購入商品的失誤率。

4. 內部表現：評量本身製程所造成的失誤。

5. 製造能力設計：評量品質必要條件檢視圖的百分比，以及根據 6 標準差所設計出來的品質必要條件的百分比。

6 標準差之關鍵成功因素

美國有很多企業界實施 6 標準差，包括奇異公司 (GE)、陶氏化學 (Dow Chemical)、開拓公司 (Caterpiller) 都有相當成效，而其關鍵成功因素可歸納為：

➡ 高階主管的決心與承諾。

➡ 主管強有力的領導及對 6 標準差專案的負責。

➡ 選擇與企業目標有關之專案。

➡ 良好的結構化問題解決步驟。

➡ 在教育訓練上的重大投資與團隊合作。

➡ 適當地應用許多統計工具。

➡ 專注於實質之財務績效。

➡ 6 標準差專案的執行成效跟部分的年終獎金與升遷有所連動。

➡ 6 標準差專案與公司的策略發展相結合。

➡ 專案進度追蹤與監控。

無可諱言，即使一個頂尖的廠商實施 6 標準差時也會碰到瓶頸，專家建議唯有從 6 標準差設計著手。

學習地圖

6 標準差設計→本節末

6 標準差專案失敗原因

實施 6 標準差的企業或輔導企業導入 6 標準差的顧問公司，發現即便對品質有所改善，但仍無法達到 6 標準差的境界，其原因大約可歸納如下：

Q. 列舉八個 6 標準差之關鍵成功因素。

Q. 為何有些企業之 6 標準差專案最後失敗？

➡ 許多 CEO 希望藉由 **6 標準差**專案來解決公司所面臨的問題，但公司的資源有限，不易確保專案團隊可以找到真正對公司有關鍵影響之專案，以致執行常會失焦。

➡ 資源不足、企業機能缺乏協調及與企業目標不一致等都是 6 標準差之執行障礙的原因。因此 **6 標準差**之推動，必須整合 QA 與 TPM，同時專案推動人員必須對 **6 標準差**工具與技術之應用作深入理解，以確保專案可獲得重大的財務績效。

➡ **6 標準差**實施時太過狹隘僵硬，無法帶來創新，無法幫助企業開發新產品或擬訂突破性的策略。同時統計方法較為複雜，一般員工在應用時常會出錯。

6 標準差設計

6 標準差設計 (Design for six sigma, DFSS) 是用專案管理手法，以 **6 標準差**為基礎而發展出來的管理程序，強調預防重於改善，期望在製程或產品設計階段，就降低缺失與變異。在成本效益與方法的考慮下，利用一個強而有力的方法來設計產品、製程與服務，以符合顧客的預期需求；並利用統計方法進行品質的評估與改善。DFSS 不是為了取代新產品決策程序，而是為了使製造出的新產品、製程與服務更有效率地引進顧客期望與需求。品質發生異常前，即事先進行製程的設計或再造，和 6 標準差最大的不同在於 **DFSS** 是從產品或流程的設計階段，徹底消除出錯的可能性，而不是從品質管制或生產階段著手，換言之，**6 標準差**的重點在改善現有的流程；DFSS 則是創造更新、更好的產品或流程設計。

Q. 何謂 6 標準差設計？

Q. 6 標準差與 6 標準差設計有何不同？

　　一些企業導入 **6 標準差**來提升品質或從事產品設計，發現統計方法有助於改善問題，但效果仍不盡滿意，經檢討，主要是 **6 標準差**是以統計與電腦軟體而非重技術的角度來解決生產問題（包括品質問題），而這類問題的解決是基於產品、製程、機器及物料背後的技術原理，並非只靠統計知識就能做到。

　　豐田公司在解決其生產製造問題上，採用名之為「A3 報告」就能將問題描述與解決方法濃縮在兩張 A4 大小的紙張上（等於一張 A3 大小），就做到 6 標準差品質水準甚至超越。有人批評 6 標準差自 2000 年開始迄今仍無法結構化出一套架構。5 標準差牆存在的現象迄今還一般被認定為不容易突破瓶頸。

Production and Operation Management

標準差舉例論述

　　如果你的公司只有一標準差，那表示每 100 萬次會有大約 70 萬個瑕疵，這就是每百萬次的瑕疵機會 (Defects per million opportunities, DPMO)。一標準差表示你每次做對的機會只有 30%；這樣之機會除了洋基隊的左外野手之外，恐怕誰都無法接受。棒球大概是世界上唯一認為 30% 的成功率算是很理想的專業領域。如果你是屬於二標準差，那麼表示每百萬次大約有 30 多萬次瑕疵。你的打擊率大約是 70%。這樣的成績對大聯盟或許很不錯，但是在商業的世界仍不合格。一般公司運作大概都是介於 3 和 4 標準差之間，也就是每 100 萬次分別會有 60,000 次和 6,000 次瑕疵產生。如果你的運作是 3.8 標準差，這表示你的良率是 99%，100 萬次仍有 1 萬個瑕疵，這如果是某廠牌之產品品質的水準，該產品大概上市不久即被消費者唾棄了。

附錄 A 常用生產與作業管理英文縮寫字

1.	A.I.	Artificial intelligence	人工智慧
2.	AGV	Automated guided vehicle	無人搬運車
3.	AMT	Advanced manufacturing technology	高等製造技術
4.	BOM	Bill of material	物料清單
5.	CAD/CAM	Computer aided design/ Computer aided manufacturing	計算機輔助設計／計算機輔助製造
6.	CEO	Chief executive officer	高階主管
7.	CIM	Computer-integrated manufacturing	電腦整合製造
8.	CNC	Computer numerical control	電腦數值控制
9.	CPM	Critical path method	要徑法
10.	CRM	Customer relationship management	顧客關係管理
11.	DFSS	Design for six sigma	六標準差
12.	EDI	Electronic data interchange	電子數據交換
13.	EOQ	Economic order quantity	經濟訂購量
14.	ERP	Enterprise resource planning	企業資源規劃
15.	FA	Factory automation	自動化工廠
16.	FMEA	Failure mode and effects analysis	失效模式與效應分析
17.	FMS	Flexible manufacturing system	彈性製造系統
18.	GT	Group technology	群組技術
19.	IR	Industrial robot	工業機器人
20.	IT	Information technology	資訊科技
21.	JIT	Just-in-time	及時生產
22.	KPI	Key performance indicator	關鍵績效指標
23.	MBAA	Management by walk around	走動管理
24.	MC	Machine center	切削中心
25.	MPS	Master production schedule	主生產排程
26.	MRP	Material requirement planning	物料需求規劃
27.	MRPII	Manufacturing resource planning	製造資源規劃

28.	MTBF	Mean time between failure	失效間的平均時間
29.	MTO	Make to order	訂貨生產
30.	MTTF	Mean time to failure	失效的平均時間
31.	NC	Numerical control	數值控制
32.	OJT	On job training	在職訓練
33.	OTED	One-touch exchange of die	單動換模法
34.	P/O	Purchase order	採購單
35.	PERT	Project evaluation review technique	計畫評核術
36.	PLC	Product life cycle	產品生命週期
37.	PMI	Purchasing managers index	採購經理人指數
38.	POS	Point of sale	銷售點
39.	PPI	Producer price index	生產者物價指數
40.	QA	Quality assurance	品質保證
41.	QC	Quality control	品質管制
42.	QCD	Quality、cost、delivery	品質、成本、交期
43.	QCDF	Quality、cost、delivery、flexibility	品質、成本、交期、彈性
44.	QFD	Quality function deployment	品質機能展開
45.	QR	Quick response	快速回應
46.	R&D	Research and development	研究發展
47.	RCCP	Rough-cut capacity planning	粗估產能規劃
48.	ROI	Rate of investment	投資報酬率
49.	RPM	Rapid prototyping manufacturing	快速原型製造
50.	SCM	Supply chain management	供應鏈管理
51.	SE	Sequential engineering	循序工程
52.	SMED	Single minutes exchange of dies	10 分鐘換模法
53.	SOP	Standard operation procedure	標準作業程序
54.	SPC	Statistical process control	統計製程管制
55.	SQC	Statistical quality control	統計品質管制
56.	STO	Stock to order	存貨生產

57.	SWOT	Strength、weakness、opportunity、threat	優勢、劣勢、機會、威脅
58.	TOC	Theory of constraint	限制理論（制約法）
59.	TPM	Total production maintenance	全面生產保養
60.	TQM	Total quality management	全面品質管理
61.	VA	Value analysis	價值分析
62.	VE	Value engineering	價值工程
63.	VOC	Voice of customer	消費者的聲音
64.	W/O	Working order	派工單
65.	WBS	Work breakdown structure	工作分解結構
66.	WCM	World class manufacturer	世界級製造廠商
67.	WIP	Work-in-process	半製品
68.	ZD	Zero defect	零缺點

附錄 B　參考書目

中文參考書目

1. 顧淑馨譯：競爭大未來，臺北智庫文化，民國 85 年。
2. 齊若蘭譯：目標，臺北天下叢書，民國 86 年。
3. 劉仁傑：重建臺灣產業競爭力，臺北遠流，民國 86 年。
4. 楊丁元、陳慧玲著：業競天擇：高科技產業生態，臺北工商時報，民國 87 年。
5. 羅耀宗、李芳齡、顧淑馨譯：更快更好更有價值：成功轉型的九大關鍵，天下雜誌，民國 100 年。
6. 許文治、曹嬿恆譯：現場改善（第二版），美商麥格羅・希爾，民國 102 年。
7. 江瑞坤譯：精實現場管理：豐田生產方式資深顧問親授 40 年現場管理實務，中衛，民國 103 年。

英文參考書目

1. Buffa E. S, R. K. Sarin (1987): Modern Production/ Operations Management, 8th Edition, John Wiley and Sons.
2. Chase, R. B., Aquilano, N. J., Jacobs, F. R., (2001): Operations Management for Competitive Advantage, 11th ed. McGraw-Hill, Boston, MA. 徐淑如編譯，滄海書局。
3. Groove, M. R. (2007): Automation, Production Systems and Computer-Integrated Manufacturing, Englewood Cliff, N. J., Prentice Hall.
4. Krajewski, L. J., Ritzman, L. R., & Malhotra, M. K. (2010). Operations Management-Process and Supply Chains, 9th edition, Pearson.
5. Logothetis, N: Managing for Total Quality: From Deming to Taguchi and Spc, Prentice Hall, 1991.
6. Norman Gaither, Gregory Frazier, Greg Frazier, (1999): Production and Operations Management 8th ed, South-Western Educational Publishing.
7. Roberta S. Russell, Bernard W. Taylor (2011): Operations Management: Creating Value Along the Supply Chain, 7th edition, John Wiley and Sons.
8. Schonberger, R. J (1982): Japanese Manufacturing Techniques: Nine Hidden Lessons in Simplicity, New York: Free Press.
9. Stevenson, W. J. (2015). Operations Management, 13th edition, McGraw-Hill.
10. J. Heizer & B. Render, (2011): Principles of operations Management, 8th edition. 許總欣、楊長林、莊尚平譯，新陸書局。

其中第 7.、9.、10. 三本是最常被國內大專院校之生產管理、生產與作業管理或作業管理採用之教材，Stevenson, W. J. (2009) 尤其常用。

MEMO

國家圖書館出版品預行編目資料

生產與作業管理 / 黃河清編著. -- 二版. -- 新北市：
新文京開發, 2020.07
　　面；　公分

　　ISBN　978-986-430-637-4（平裝）

　　1.生產管理　　2.作業管理

494.5　　　　　　　　　　　　　　　109008949

生產與作業管理（第二版）　　　　（書號：A308e2）

編　著　者	黃河清
出　版　者	新文京開發出版股份有限公司
地　　　址	新北市中和區中山路二段 362 號 9 樓
電　　　話	(02) 2244-8188（代表號）
F　A　X	(02) 2244-8189
郵　　　撥	1958730-2
初　　　版	西元 2015 年 07 月 10 日
二　　　版	西元 2020 年 07 月 01 日

有著作權　不准翻印　　　　　　　　　　建議售價：460 元
法律顧問：蕭雄淋律師
ISBN　978-986-430-637-4

New Wun Ching Developmental Publishing Co., Ltd.

New Age · New Choice · The Best Selected Educational Publications — NEW WCDP